猴面包树

Le

Frédéric Lenoir

désir

une

欲望的哲学

philosophie

［法］弗雷德里克·勒努瓦 著　李学梅 译

上海文艺出版社

无欲无求之人是何等的可悲!

——让-雅克·卢梭

前言

欲望令我内心充盈,
这种感觉胜过虚幻的占有,
即便占有的是我渴求之物。

——安德烈·纪德(André Gide)(20世纪)

"人类的本质就是欲望。"17世纪,哲学家巴鲁赫·斯宾诺莎曾在著作中如是写道。从广义上说,欲望或许会反映我们的性格,但更重要的是,它是人类生存的动力。如果人失去欲望,那么生命还有什么意义?欲望或变化万千,或汹涌澎湃,却总能激发行动的力量,让我们充分感知生命的活力。欲望一旦消失,生命力也会随之减退,现代人的一大症状,正是欲求不振、无精打采。与此同时,欲望也有消极的一面,它带来毁灭一切的疯狂或不切实际的幻想,让人们无论何时都不餍足;它滋生嫉妒与贪婪,让人们陷入仇恨与沮丧无法自拔;它让我们疲于奔命、欲罢不能,直至内心失去自由。

路易斯·布努埃尔(Luis Bunuel)执导的最后一部影片有个非常贴切的名字——《朦胧的欲望》(Cet obscur objet du désir),我们也可称之为"难懂的欲望",因为这一概念如此丰富、复杂,甚至超出人们的认知范围。如何分辨哪种欲望出于本能?怎样才能为欲望定性?如何评判一种欲望是好是坏?怎样接纳内心深处最真实的欲望,而非盲目效法他人?如何避免贪得无厌,以正确的方式表达欲望并从中汲取深切的快乐?我撰写本书的目的就在于:欲望的力量如此强大,无论好坏,都足以驱使我们的肢体，主导我们的心灵，激发我们的意志。我将从哲学的角度对欲望详加阐释，为读者提供一本解析欲望的学习读本。如果说大部分幸福都源于得偿所愿，那么所有的不幸亦来自欲求不满！我们该如何趋利避害，又能否学会正确看待欲望或更好地引导欲望？

被缚的欲望与自由的欲望

最新科学研究显示，大脑中的纹状体负责驱动人类最基础的欲望，如食欲、性欲、社会认知或信息获取。研究还表明，纹状体从不为欲望设限，在追求欲望的过程中，大脑会不断分泌获取快乐的化学物质——多巴胺。在纹状体的驱使下，人类会如饥似渴地追寻原始欲望，并沉迷于它带来的快感。

其他一些研究人员如人类学家勒内·吉拉尔 (René Girard)，他发现欲望本质上因模仿而生，即人们总是渴望他人所求之物，人类社会的攀比心理构成了欲望的核心驱动力。这些结论并不出人意料，它与古代东西方哲学家的观察不谋而合：欲望在生命中发挥着至关重要的作用，人类的悲欢无不取决于其对欲望的控制。有鉴于此，人类必须学会掌控欲望，这也是教育与文明的基础所在。

在这一共识的基础上，人类为掌控欲望探索出了多条路径：首先是宗教法令，在很长一段时间里，它都占据着绝对优势，直到现在依然拥有强大的影响力；其次是古希腊哲学与东方智慧，该流派主要依靠规范、限制甚至是消除欲望来达到目的；最后是斯宾诺莎的理论，他提议以正确的方式重新定义欲望，而非抑制内心的渴求，毕竟这是人类生存的动力源泉。在他眼中，欲望不再是一种缺陷或一个问题，而是一股需要以恰当的方式引导的力量。我们尤其不该压制欲望或将其消灭，正确的做法是理性看待、和谐共处，从而摆脱情感的束缚，获得心灵的自由。

在我看来，最后一种方式最为恰当，也符合当代人的情感需求。熬过三年新冠疫情，人们都已精疲力尽。我们承受着气候变化、俄乌冲突以及购买力下降带来的恶果，对所有体制机制充满不信任感。越来越多的人脆弱不堪，精神和心灵遭受重创。

哲学家亨利·柏格森（Henri Bergson）曾提出"生命冲动"的概念，而现在这种冲动正在日渐衰退，我们对欲望的热情不断降温，其带来的影响涉及方方面面：职业、爱情、性欲、智力等。我们愈发无精打采，无法感知人生的乐趣，悲伤常常占据上风，驱散了内心的快乐。为了摆脱困境，一些人开始反躬自省，为人生寻找新的价值。他们摒弃消费至上的观念，不再注重社会认可，希望赋予生命更多意义，过着一种节制而质朴的生活。许多年轻人不愿循规蹈矩，他们纷纷放弃主流生活模式，特别是在职业和两性方面，选择以自己的方式度过人生。在他们看来，传统模式已无法回应他们内心深处的渴望，比起获取的东西和成就，他们更加注重生命的本真与质量。不过矛盾之处在于，当生命冲动面临枯竭，内心欲望不断减退时，人们转而向极度的物质主义寻求刺激。面对人生危机，这种现象再正常不过，而且绝不仅仅存在于我们这个时代。可以说，物欲横流是对低欲望的一种补偿：通过过度消费，我们可以获得零星的快乐。物质主义有多种表现形式，如疯狂购物、性交成瘾、沉迷游戏、迷恋社交、极度寻求社会认可等。正因如此，强烈的渴望愈发微不足道，畅快的幸福也变得索然无味，每个人都沦为情绪的奴隶，内心深处的渴望永远无法得到满足。我始终坚信，我们能够重拾自由、重获快乐，但前提是激活生命冲动，唤醒心中渴望，及时调整人生方向，去追求那些有助于个人成长、能够赋予生命意义和随心所欲实现自我价值的欲望。不过，欲望的世界如此广阔而复杂，我们还是从定义开始，共同思考它的根本属性。

欲望到底是什么

何谓欲望？古代哲学家将其定义为"对利益的追求"（在这里利益指的是我们认为于己有利的事物）。在西塞罗（Cicéron）看来，"欲望一旦被激发、点燃，就会向着有利可图之处喷涌而出"[1]。另外，哲学家们又将其描述为一种"胃口"（这里指的是广义的胃口），它会促使人们尽一切力量获取诱人的利益。与之相反的是，如果心怀憎恶，就会极力逃离不祥之物。虽然人们有时会将欲望与本能或需求混为一谈，但欲望富有想象力，同时与意识密切相关，因此也更为复杂。举例说，本能是饥肠辘辘，急需进食饱腹；欲望则是期待品尝一道独特的菜肴，它能唤起许多幸福的记忆，让我们仿佛置身于优雅的环境，与三两好友把酒言欢。食欲如此，性爱也是如此，它与繁衍的本能无关，也不是简单地解决生

---

[1] Cicéron, *Tusculanes*, IV, trad. Jules Humbert, Les Belles Lettres, 1930.（西塞罗著，朱尔·安贝尔译，《图斯库路姆论辩集》第四卷）。

理需求。通过精神分析我们发现，正是在复杂而充满创造性的动力（感动、幻想、投射、移情等）的驱使下，人们才会产生欲望，进而锁定一个目标。有鉴于此，加斯东·巴舍拉尔（Gaston Bachelard）在其著作中写道："人是欲望的造物，而非需求的载体。"[1]

在人类身上，欲望的表现各有不同、极其多元，但我们还是可以将其分为几大类别。在柏拉图看来，人的需求有感性与理性之分，前者激发身体的愉悦，后者带来精神的享受。亚里士多德认为，我们追寻的事物亦真亦幻，"人类的渴求促使其采取行动，但他孜孜以求的，可能是事物本身，也可能是事物表象"[2]。斯宾诺莎则强调，欲望具有意识的属性，是"一种带有个人意识的渴望"[3]。从哲学家们长篇累牍的解读中，我们可以得出以下结论：欲望是一种渴求的意识，无论发乎本心，还是经过深思熟虑，人们都会在它的驱使下，向真实或虚妄的利益不断靠近。那么

---

[1] Gaston Bachelard, *Psychanalyse du feu*, Gallimard, 1938.（加斯东·巴舍拉尔著，《火的精神分析》）。

[2] Aristote, *De l'âme*, III, 9, trad. Richard Bodéüs, GF–Flammarion, 1999.（亚里士多德著，里夏尔·博德斯译，《论灵魂》第三卷）。

[3] Baruch Spinoza, *Éthique*, III, « Définitions des affections », I, GF–Flammarion, 1965.（巴鲁赫·斯宾诺莎著，《伦理学》第三卷，"热爱的定义"第一节）。

问题也随之而来：欲望究竟因何而生，什么才是人类欲望的深层属性？

"欲望"一词源自拉丁语 *desiderare*，由词根 *sidus*、*sideris* 演化而来，其原意是星辰或星座。从词源学角度分析，*desiderare* 存在两种截然相反的意思，有人将其解读为"停止仰望星空"，并由此引申为损失、缺憾，或怅然若失。当一位水手不再观察星辰，他就会在海上迷失航向；当人类不愿仰望星空，则可能在人间的诱惑中失去自我。与之相反的是，有人认为 *desiderare* 意为"使人摆脱惊惧"，因为在拉丁语中，同样由词根 *sidus* 演化而来的 *sideratio* 一词，是晕厥的意思。在罗马人看来，人之所以出现这种状况，是因为星座运行。如今，人们依然保留着这种古老的说法，当我们刚刚经历一次打击或一场灾难，就会用 *sideratio* 的衍生词形容自己四肢僵硬、呆若木鸡或是无法动弹。一旦我们恢复行动自由，就会加上 *de-* 的前缀，这也是 *desire*（欲望）一词的由来。正因如此，欲望被人们视为行为的动力，无论它源自何方，其蕴含的巨大力量都能帮助我们找回意识、重焕生机。

有趣的是，欲望的双重含义在西方哲学中也有所体现。一方面，欲望被视为一种缺失，人们对它的评价更加趋于负面；另一方面，欲望代表着力量，是我们生存的动力源泉。古代哲学家大多从消极的角度看待欲望，与其说在研究问题，不如说在解决麻烦。在他们看来，欲望即使得到满足，也会以同样的方式、不同的目的卷土重来，人们对事物的追求永无餍足。作为苏格拉底最负盛名的弟子，柏拉图的总结堪称经典，他这样形容因缺失而产生的无休止的欲望："不曾拥有的物、无法成为的人、留有缺憾的事，这就是欲望与爱的终极目标。"[1]亚里士多德对欲望与缺憾的关系进行了研究，发现其中蕴含着独特的驱动力："激发动力只需一条——产生欲望。"[2]到了17世纪，斯宾诺莎也表达了同样的观点，并将其视为伦理学的核心要义。他认为，欲望是一种至关重要的力量，足以调动人类所有的能量，如果能以理性善加引导，必将为我们带来快乐和极致的幸福。

现在，两种观点摆在我们面前。一种认为，欲望源于缺失，它会导致人们永不知足，且会带来不幸，

---

[1] Platon, *Le Banquet*, 200e, GF–Flammarion, 1964.（柏拉图著，《会饮篇》）。

[2] Platon, *Le Banquet*, 191d, *op. cit.*（亚里士多德著，里夏尔·博德斯译，《论灵魂》第二卷、第三卷）。

我们必须加以限制或将其根除；另一种认为，欲望产生力量，能够带来圆满和幸福，我们必须善加利用。两种观点孰是孰非？如果我们细心观察，并对人性进行分析，就会发现两种理论似乎都有道理，而且彼此并不排斥。无论哪种模式，我们都有可能亲身体验。当我们不知满足，陷入攀比、妒忌、贪婪、情欲之中无法自拔时，柏拉图的判断就是正确的；当我们感受到创造、成长、进步、爱情带来的喜悦，尽情施展才华、自我完善、认知世界时，就会更加认同斯宾诺莎的观点。不过，我们也不能轻下论断，因为事情并非如此简单。比如柏拉图提出的欲望—缺憾理论，可以激发人们在精神上不断提升，直至崇高的境界。斯宾诺莎坚持的欲望—力量观点一旦走偏，则会带来过犹不及的后果，甚至滋生傲慢的心态。在古希腊时期，人们对傲慢可谓深恶痛绝。

在本书的第一部分，我们将从哲学、生物学、人类学、社会学等多个维度对柏拉图的欲望—缺憾理论进行检验。我们将看到：在大脑纹状体的驱动下，人们如何产生源源不断的欲望；广告和社交网络又是怎样取而代之，把更多欲望强加于人，一步步将人们拖入消费陷阱。我们将与人类学家勒内·吉拉尔一起，探究渴望他人之渴望的模仿心理，分析贪婪与嫉妒的内在机制——这两者正是不幸与暴力的始作俑者。我们还将与弗洛伊德和生物学家一道，对性欲的复杂性加以剖析。

为了掌控欲望，避免落入其构筑的陷阱与幻象，人类付出了诸多努力。在本书的第二部分，我将向读者介绍不同哲学和宗教流派采取的措施，如外在约束（宗教法令）、理性与节制（亚里士多德和伊壁鸠鲁）、意志与超脱（斯多葛学派与佛教）等。同时，我也会适当提及现代社会的相关探索，这些方法主要从古人的学说中汲取灵感，如禁欲、禁食、分享，以及寻求更加节制的生活方式等。

在本书的最后一部分，我会聚焦斯宾诺莎的欲望学说，围绕如何积极看待欲望，并对其进行正确引导展开论述。唯有如此，我们才能获得深层且持久的快乐。我将引用尼采、荣格、柏格森等哲学家的研究成果，探讨如何创造性地从欲望中获取更强的力量，让每个人的"生命冲动"更加充沛。我还会盘点爱的三个层次，即情爱、友爱、圣爱，揭示如何填补爱的缺口，以真实和喜悦的心情，尽情释放爱意。我还将列举耶稣等伟大先知的相关言论，他们都把欲望与爱意置于理念的核心地位。最后，我会讲到理性的作用。正是在理性的驱使下，许多现代人重新定位欲望、改变人生方向，期待更多地倾听内心的声音，对他人和世界给予更多的关注。

目录

第一部分
永不满足的饥渴 /020

1. 柏拉图和因缺憾而生的欲望 /022
2. 大脑,以欲望之名 /031
3. 因模仿而生的欲望 /039
4. 妒忌 /047
5. 消费主义与欲望操控 /054
6. 变形的拇指姑娘 /063
7. 性欲 /073

第二部分
欲望的调控 /086

1. 亚里士多德与伊壁鸠鲁节制的智慧 /088
2. 斯多葛主义与佛教:从欲望中获得解脱 /098
3. 宗教法令 /106
4. 追求朴素的幸福 /114

第三部分
尽情生活 /126

1. 斯宾诺莎与欲望的力量 /128
2. 尼采与"伟大的欲望" /138
3. 培育生命力和尽享人生 /148
4. 爱欲的三个层面 /167
5. 欲望的信徒 /179
6. 勇于渴望与重塑生命 /191

结语 /206

第一部分

永不满足的饥渴

1
柏拉图和因缺憾而生的欲望

世上有两种悲剧，
一是求而不得，
一是如愿以偿。

——萧伯纳（20世纪）

在《高尔吉亚篇》(Gorgias)中，柏拉图曾将欲望比作达娜依特(Danaïdes)的酒桶，永远都无法填满。人类的欲望无休无止，总在追求不曾拥有的事物，我们该如何行事，才能获得内心的快乐？在其最负盛名的著作《会饮篇》中，柏拉图对这一问题进行了更为深入的思考。熟悉柏拉图的读者都知道，他经常借苏格拉底之口表达自己的观点，这次也不例外。在书中，苏格拉底受邀参加一个宴会，庆祝朋友在戏剧创作比赛中夺得奖项。美食当前，哲学家们谈兴愈浓，决定围绕爱的主题展开讨论。他们轮番发言，讲述自己对爱的理解，尽情赞颂爱之伟大，其中苏格拉底和阿里斯托芬的谈话引起了传统哲学界的注意。在这里，我想着重提一下阿里斯托芬，虽然他与我们的主题关联甚微，但他凭借"灵魂伴侣"的传说，在西方人的精神世界留下了浓墨重彩的一笔。

灵魂伴侣的传说

阿里斯托芬告诉我们，最初的人体构造是现在的双倍。他们拥有两个脑袋、四条大腿和四只胳膊。有人长着两副男性生殖器，有人长着两副女性生殖器，还有人一样一副(即众所周知的雌雄同体)。由于人类试图登天、威胁众神，宙斯决定施以重罚，将他们劈成两半，以此削弱人类的力量。于是，人终其一生都在寻找自己丢失的一半。其中一些人寻找同性，而原来雌雄同体的人则在寻找异性。阿里斯托芬由此得出结论："这就是人类之爱的起源。爱将古老的天性重新修复，把两个生命融为一体，让人类回归本原。每个人都在寻找自己的另一半。"[1]几个世纪以来，这个传说声名远扬，对那些信奉真爱至上的文学流派产生了深远影响，尤其是对19世纪的浪漫主义和近期的新时代浪潮，最新的"双生火焰"也来源于此。柏拉图将欲望视为"缺憾"，并指出无论有意还是无意，人类都在寻找、渴求自己失去的一半。这种先天分离带来的缺憾，深藏于爱欲之中，不过柏拉图也告诉我们，如果分隔两处的个体再次相聚、重拾默契，那么这种缺憾将得到弥补。"他们之间满溢柔情、信心与爱意，简直就是一个奇迹。他们彼此相守，须臾不可分离。"[2]这个传说几乎穷尽了人们对爱情的所有想象：茫茫人世，有一人为我而生，我与他融为一体，共享幸福绵长！因为他，我的孤寂一扫而空，曾经习以为常、令我黯然神伤的缺憾消失殆尽。就个人而言，

---

[1] Platon, *Le Banquet*, 200e, GF-Flammarion, 1964.（柏拉图著，《会饮篇》）。

[2] *Ibid.*（出处同上）。

我一点也不相信这个传说，它无关爱情，折射的反倒是子宫中婴儿对母亲的依恋，但这个故事的传播力实在惊人，它激发了无数艺术家的灵感，持续影响着人们的思维，深深镌刻在大众心中。

苏格拉底的情欲论

苏格拉底同样认为，欲望与缺失息息相关，但他的表达方式又截然不同。与大多数有厌女倾向的希腊哲学家相比，苏格拉底可谓独树一帜。他承认受到一位名为狄奥蒂玛（Diotime）的女性的教诲，才懂得了爱的真谛。在此之前，他曾将爱（情欲）与欲望等同起来，认为两者皆因缺失所致："不曾拥有的物、无法成为的人、留有缺憾的事，这就是欲望与爱的终极目标。"[1]在他看来，人们总是乐此不疲地追逐得不到的事物，一旦拥有，热情就会随之消退。这一观点也同样适用于爱情。当人们陷入爱河，满怀期待地去发现爱情的美好时，我们会用热情似火、魂牵梦萦、如痴如醉等典型词语形容内心的悸动。然而随着关系的确定，

1　*Ibid.*（柏拉图著，《会饮篇》）。

再狂热的爱情也会被磨平棱角，在时间的推移中日趋黯淡。只有我们移情别恋，才能重拾澎湃的激情，所有人无一例外！当渴求之事成为囊中之物，倦怠之意就会涌上心头。这时，柏拉图带着他的欲望—缺憾理论翩然而至，激励我们向着新的目标发起冲击。研究人员在最年幼的孩子身上也发现了这一特性：他们得到一件玩具的愿望有多强，丧失兴趣的速度就有多快。他们的注意力会迅速转移到未曾拥有的玩具上。

无法拥有的幸福

我的朋友安德烈·孔特－斯蓬维尔（André Comte-Sponville）有句至理名言："缺乏欲望，就会错失幸福。"[1]此言不禁让人想起亚瑟·叔本华的妙喻："人生如钟摆，在痛苦与无聊中徘徊。"[2]得不到心中郁闷，得到了无趣至极；失业了痛不欲生，工作中抓耳挠腮；单身时寂寞难耐，结婚后不堪其扰。以上种种，让人不禁想起爱尔兰作家萧伯纳幽默

---

[1] André Comte-Sponville, *Le Sexe ni la mort*, LGF, 2016.（安德烈·孔特－斯蓬维尔著，《性非死亡》）。

[2] Arthur Schopenhauer, *Le Monde comme volonté et comme représentation*, IV, 57, trad. A. Burdeau, PUF, 1966.（亚瑟·叔本华著，A.比尔多译，《作为意志和表象的世界》第四卷）。

的点评:"世上有两种悲剧,一是求而不得,一是如愿以偿。"[1]启蒙运动时期的大哲学家伊曼努尔·康德则将幸福与得偿所愿画上等号:"一个理性的人,终其一生实现了所有愿望,活成自己想要的样子,这种状态就是幸福。"[2]他由此指出:"幸福是一种理想,它并非理性的认知,而是想象的产物。"[3]欲望的种类千姿百态,个人的意志有强有弱,实现的期限有长有短,但没有一个人能够真正达成所有愿望,所以康德才认为这是一种理想的状况。如果我们将幸福与填补缺憾等同起来,那么这种观点无疑是正确的,但我们接下来会分析亚里士多德和斯宾诺莎的理论,他们用一种全新的视角看待欲望与幸福。两相对比,康德的理论便不再成立。

欲望与爱的升级

与叔本华相比,柏拉图没有那么悲观。欲望与缺憾的

---

[1] George Bernard Shaw, *Man and Superman*, 1903. (萧伯纳著,《人与超人》)。

[2] Emmanuel Kant, *Critique de la raison pratique*, trad. F. Picavet, PUF, 1971. (伊曼努尔·康德著, F.皮卡韦译,《实践理性批判》)。

[3] Emmanuel Kant, *Fondements de la métaphysique des mœurs*, II, trad. V. Delbos, Vrin, 1980. (伊曼努尔·康德著, V.德尔博斯译,《道德形而上学原理》第二卷)。

辩证关系复杂难解，会导致人们永不知足，为此他提出了两个解决方案。首先，他认为爱欲使人欲罢不能，无论是人或是物，我们都不可能只求曾经拥有，而是期待天长地久。但是人类并非不死之身，要想获得不朽，只有通过繁衍后代和艺术创作：父母的生命在孩子身上得到延续，艺术家则借助作品流芳后世。

第二种解决方案的核心是柏拉图的"理念论"。苏格拉底解释说，狄奥蒂玛曾告诉他，情欲原本是一个精灵，在诸神与人类之间充当信使，他引导我们沿爱的阶梯拾级而上，我们先是被亮丽的外表吸引，然后逐渐过渡到欣赏更深层次、更赏心悦目的美丽，直至领略美的本质。"无论是主动前行，还是任人引导，真正通往爱的道路，是从迷恋感性之美开始的，随后不断进阶，最终感知超自然之美。在此过程中，人会首先爱上一个美好的肉体，进而在两个肉体上发现美的共性，最后将爱延伸到所有美好的躯体。接下来，他的爱会从外表上升至行为，从行为升级到学识，在诸多学科中，他将掌握一门关于美的学问，即领悟美的本质。"[1]就这样，人类不断调整爱欲的方向，将

---

[1] Platon, 211b-212b, *op. cit.* （柏拉图著，《会饮篇》）。

目光投向更加高贵和非物质的东西，以此来获取精神层面的满足。在阶梯的最高处，他将达到一种至善和极乐的境界，就像狄奥蒂玛所说的："亲爱的苏格拉底，人生至苦，不值一提，但此时此刻，人们却能感受到美之本质……美是如此简单、纯粹、一尘不染，能够参透美的内在，是何等快慰。尘世间的美，掺杂了太多肉欲、色彩以及多余腐烂之物，当人们达到至高境界，就能够享受独一无二的神圣之美。"[1]因此，要想获得幸福，就必须不断提升精神境界，从而发现美的真谛。在柏拉图看来，欲望源于极度匮乏。他向往一个神圣而充实的世界，足以诠释柏拉图思想的要旨：当人们降临世间，就与神界彼此隔绝，但他们的灵魂从未停止寻找，希望有一天重归神界。阿里斯托芬与柏拉图对欲望的理解大相径庭，前者认为欲望是重新找回另一半躯体，后者认定欲望是寻找远在天边的神灵；前者相信爱欲能够帮助人们与失去的躯体合二为一，后者则坚称爱欲必能将我们送还到神灵身边（即美、真、善本身），并与之融为一体。正是在这套理论框架下，"柏拉图之恋"的概念应运而生，不过人们的理解大多有误，在他们看来，这

---

[1] *Ibid.*（柏拉图著，《会饮篇》）。

一概念泛指纯洁的精神恋爱。而柏拉图的真正意思是，在爱的阶梯上，肉欲只是起点，我们拾级而上，最后到达顶端、触及神灵。换句话说，柏拉图从未否认或是规避性欲，他只是将其视为开始，并劝诫情侣们超越这一阶段，培养更加高贵的情感，直至发现美的本质。当然，这种想法门槛太高，很少有人能够做到，但它依然为人们确立了一个努力的目标，一个摆脱欲望—缺憾陷阱的出口。如果我们总是深陷其中，就永远都不可能获得幸福。

我们的生活经验也从侧面印证了柏拉图的理论。试问，谁没经历过缺失—满足—再度缺失的心路历程？谁不曾对拥有之物感到厌烦，对他人之物念念不忘？谁不是在热恋时激情四射，又在长相厮守中归于平淡？即便我们足够幸运，在拥有之后还能保持恒久的热情，但柏拉图的分析依然适用，因为它建立在一个普遍规律上，那就是永不满足的人性，这一点我将在本书的第三部分详加阐释。我们总是在觊觎不属于自己的东西，期待拥有更多、更好的事物。最新的神经学研究不仅证实了这一观点，还给出了令人惊喜的解释。

2

大脑,以欲望之名

我们的大脑生来就是为了索取更多,
即便它的需求已经得到满足。

——塞巴斯蒂安·博勒尔(Sébastien Bohler)(21世纪)

人类大脑与欲望和快乐到底有何关系？在其著作《人类的故障》(Le Bug humain)中，巴黎综合理工学院高才生兼神经学家塞巴斯蒂安·博勒尔向我们详尽介绍了这一问题的研究成果。数十年来，随着脑成像技术的进步，人们已经可以监测大脑内部的活动，比如充满期待、得偿所愿或是沮丧失落等(除人类外，鼠类和猴类等哺乳动物的大脑均可监测)。

人类大脑由超过一千亿个神经元以及一千万亿左右的连接(突触)组成，构造极其复杂。它经过漫长的岁月进化而来，至今也没有停止生长和自我完善。得益于此，我们才能应对环境中日新月异的挑战。大脑皮层是控制躯体的最高级中枢。与动物相比，人类的这一区域体积更大，具有绝对优势。在大脑皮层的作用下，人类得以制造更加精密的工具，开发更为先进的技术，形成复杂的社会组织架构，敢于畅想未来或是不断精进一门语言。与其他物种相比，大脑皮层十分脆弱，不过它是人类的制胜法宝，拥有它就可以主宰世界。尽管大脑皮层的重要性不言而喻，但它也要受控于大脑的另一部分，即纹状体。纹状体位于大脑深处，比大脑皮层更加古老，由尾状核、腹侧纹状体和硬膜三个区域组成。自然界中的多数动物都拥有纹状体(如鱼类、爬行动物、鸟类、哺乳动物等)，它的主要功能是完成人与动物生存必需的五类任务：进食、繁衍、攫取权力、收集信息以及用最少的精力完成前四项目标。我们将这五类基础任务称为"初级强化物"。

奖赏的运行机制

通过对部分鱼类、老鼠及灵长类动物的大脑进行研究，我们可以观察到一个重要现象，也就是奖赏的运行机制。每当人们求取食物、性、权力或是信息获得成功，纹状体就会释放一种令人快乐的分子，即多巴胺。在多巴胺的刺激下，神经传导进一步加强，促使人们学习更多技能，改进自身表现，从而获取更多成果。早在一百多年前，法国哲学家亨利·柏格森就已洞察快乐发挥的关键作用，他认为："快乐不过是人性惯用的一种伎俩，它的作用就是维系生命。"[1]众所周知，多巴胺是一种神经递质，也是快乐的主要来源，当人们采取积极行动获取初级强化物时，它就会启动奖赏机制。数百万年弹指一挥间，人类的变化微乎其微：在大脑纹状体的驱使下，人们还在按照固有经验行事，即使这些经验与生存已经没有必然联系。比

---

[1] Henri Bergson, *La Conscience et la Vie* [1911], PUF, « Quadrige », 2013.（亨利·柏格森著，《意识与生命》）。

如，随着对味觉的研究不断深入，科研人员发现，时至今日，大部分人吃饭的目的只是生存，而非享受美食的乐趣。性爱也是一样，既为繁衍后代，也可享受快感。至于对权力和社会地位的追逐，当然不能排除生存需要，但更重要的是为个体带来心理满足。就这样，我们在纹状体的作用下，不停追逐食物、性、社会地位和娱乐八卦炮制的快乐。科学家将纹状体发出的指令称为"激励"，激励不断，人们对上述初级强化物的追求就永无止歇，并不断从中获得满足。科学家通过对老鼠的实验发现，一旦去除纹状体中产生多巴胺的神经元，老鼠就会停止觅食，并在数周内死亡。尽管它们饥肠辘辘，却食欲全无，缺乏求生意愿。同样的状况，发生在因事故导致纹状体受损的病人身上，其表现亦是丧失欲望。再看那些重度抑郁症患者，他们体内的多巴胺和5-羟色胺都出现了不同程度的缺失，而这两者正是激发欲望、快乐和生命冲动的主要化学物质。

索求无度，更要胜人一筹

神经学家通过研究发现，纹状体从不设限，它驱使人们不断获取初级强化物，以此寻求更多的快乐。它从不喊停，正如塞巴斯蒂安·博勒尔所说："我们的大脑生来就是为了索取更多，即便它的需求已经得到满足。"[1]研究表明，大脑的奖赏系统对学习和完善等行为情有独钟，收获愈大，反馈的快乐就会愈多。就这样，纹状体以强制的方式，推动我们在索取的路上越走越远。"这套流程带来一个严重后果：只有不断加大剂量，我们才能刺激快乐机制继续运转。"[2]然而，人们将大脑皮层的能量全部用于实现初级目标，周而复始，永不知足。千百年来，人类动用所有聪明才智，孜孜不倦地追求食物、性、社会名望，沉浸于娱乐八卦无法自拔，不过是为了以更省力的方式，获取更多快乐。作家弗朗索瓦·德·克洛塞(François de Closets)在20世纪80年代提出的"索求无度"文化，准确描述了人类大脑的这一特性。如今，技术与经济自由主义的结合（人类大脑皮层的杰作）使得大多数人都能回应大脑最初级的刺激。从生态的角度看，这种大趋势将会造成灾难性后果，地球有尽、资源有限，不可能支撑持续的增长。同理，现有的一切也满足不了贪得无厌的人们。

"索求无度"已是糟糕，如果再生出攀比之心，欲望只会变本加厉。攀比心理深深刻在每个人的基因之中，我们处处较劲，非要比身边之人拥有更多才肯罢休。我曾在

---

[1] Sébastien Bohler, *Le Bug humain*, Robert Laffont, 2019.（塞巴斯蒂安·博勒尔著，《人类的故障》）。
[2] *Ibid.*（出处同上）。

前文提到，大脑纹状体的基础任务便是获取初级强化物，而权力和社会地位正是初级强化物的组成部分。神经学和社会心理学的研究也佐证了这一事实，即当我们拥有高人一等的身份，就能够得到极大满足。好胜心与控制欲流淌在我们的血液中，支配着我们获取更多的食物、性伴侣、物质财富以及社会认可。换言之，我们从未停止与他人攀比。研究显示，比起绝对收入，人们更加注重相对收入。即使钱包缩水，但只要超过他人，我们就会心满意足。[1] 这一点在老鼠和猴子身上也得到了印证。当它们得到比同类更多的食物时，纹状体内的多巴胺水平就会随之上升，哪怕食物没有平时丰富，它们也毫不在意。对此，尤利乌斯·恺撒的宣言可谓一针见血："宁在村中称大王，不在罗马当老二！"

及时行乐与延迟满足

当我们从生物学角度对索求无度和社会攀比进行研究时，还有一种现象值得关注，即获得收益的时间越长，其

---

[1]　*Ibid.*（参见塞巴斯蒂安·博勒尔著，《人类的故障》）。

在大脑中的价值越低。换言之，人们宁可选择立等可取的快乐/利益，也不愿苦苦等待快乐/利益的降临，即便后者的重要性远远超过前者。这一点早在许多年前就已被实验心理学证实。20世纪50年代，美国心理学家沃尔特·米歇尔（Walter Mischel）通过著名的棉花糖实验，第一个发现了这种现象。一天，他突发奇想，与两个女儿做了一个简单的实验，他给了她们两个选择，一是马上吃掉喜爱的糖果，二是等待三分钟换取双倍的糖果。在他之后，人们又做了数以千计的类似实验，比如以数百人为对象，向他们立即发放一笔钱款，或是一年之后数目翻倍。尽管实验流程日趋完善，但结果如出一辙：大多数人会选择立等可取的小利，放弃长期却更加丰厚的利好。从某种程度上说，这也是人们在面对生态危机时采取的态度：我们宁可牺牲后代的利益，也不愿意改变当下舒适的生活方式。比起气候变暖可能导致生命消失的危险，人们更关心当前购买力的涨幅。这种普遍的心态可以从大脑的运行方式中找到答案。通常情况下，我们的大脑总把当下排在未来之前。数十万年来，大脑始终笃信：生存至关重要，必须抓住一切机会获取初级强化物。在一个物竞天择、资源稀缺的世界，只有将出现的猎物、交配的机会、统治的权柄牢牢掌握在自己手中，才能始终立于不败之地。当环境有利于人类生存时，我们的大脑皮层经过反复思考，才会暂时将初级需求搁置一边，转而寻求更大的满足、更为持久的利益。为了做到这一点，我们必须对未来充满信心，这种信心源于现实生活的稳定性与可预见性，也来自对人生坚定的信念。

满足与不满

神经学已经向我们解释了欲望的生成机制，这一解读与古代哲学家们的观点不谋而合。正如我此前提到的，永无餍足的欲望既会为人带来满足，也能让人深陷沮丧。我们因一顿大餐而满足，不只为填饱肚子，也为享受饕餮的乐趣；我们因与爱侣缠绵而幸福，因社会地位提升而自豪，因轻松掌握大量资讯和娱乐方式而快乐。相较之下，我们的祖先必须付出千倍努力才能获得同等满足，更何况幸福的时刻总是转瞬即逝、难以长久。想到此处，我们还有什么抱怨的理由？在大脑皮层的作用下，人类逐渐学会用更简单和持久的方式实现欲望。不过正如硬币总有两面，欲望也会呈现消极的一面。物质的充裕和生活的便利并不必然带来幸福，因为我们的大脑出于原始的本能，总会生出无休无止的欲望。更有甚者，我们的经济体系和广告公司为了刺激消费推波助澜，最后只会助长沮丧的情绪。

3

因模仿而生的欲望

按常理而言,
我们的欲望就是身边之人的欲望。

——勒内·吉拉尔(20世纪)

欲望的产生与大脑动机密不可分，人类学从社会层面将这些动机分为三类：渴望他人的渴望（模仿），觊觎他人的所得（贪婪），对比他人的幸福（嫉妒）。

勒内·吉拉尔与模仿欲望

法国哲学家、人类学家勒内·吉拉尔是模仿理论的奠基人，终其一生都在美国任教。对于模仿欲望，他给出了如下定义："人类的需求与他人无关，只需对己负责。欲望则不同，后者具有强烈的社会属性。欲望背后，总有一个榜样或是中间人，他不为第三人所知，甚至连模仿者也没意识到他的存在。按常理而言，我们的欲望就是身边之人的欲望。我们心中的榜样可能真实存在，也可能仅存于想象，可能是一个群体，也可能只是个体。我们希望'变成他们的样子'，取代他们的人生。需要指出的是，模仿他人的欲望并非普通人专属。继海德格尔之后，存在主义者们总是将普通人视为平凡之辈，但这种行为适用于所有人，即便是我们眼中的非凡之人也不能免俗。"[1]

---

[1] René Girard, préface à Mark Anspach, Œdipe mimé-tique, Éditions de l'Herne, 2010.（勒内·吉拉尔著，《模仿的俄狄浦斯》"致马克·安斯波的序言"）。

勒内·吉拉尔于1961年出版《浪漫的谎言与小说的真实》(Mensonge romantique et vérité romanesque) 一书。在这本引人入胜的著作中，他详细阐释了因模仿而生的欲望。他将两种截然不同的观点进行比对：一种偏重浪漫主义，认为人的欲望真实可信且发乎本心，另一种认定欲望的本质就是模仿。为了佐证后者，他列举了塞万提斯、司汤达、福楼拜、陀思妥耶夫斯基、普鲁斯特五位文学巨匠的作品。小说的主人公无不在追随羡慕之人的欲望，而他们的羡慕之人又被其他人的欲望牵动。堂吉诃德冲向风车，只因他崇拜的流浪骑士阿玛迪斯·德·高拉做过类似的事情。爱玛·包法利对欲望的"规划"源于少女时代阅读的言情小说。在《红与黑》(Le Rouge et le Noir) 一书中，司汤达将主人公于连·索雷尔设定为"爱慕虚荣者"，他别无选择，只能将自己的欲望寄托在他人身上。德·雷纳尔市长先生又何尝不是这样，他不惜一切代价聘请于连担任孩子们的家庭教师，只因坚信老对头德·瓦勒诺也有同样打算。类似的场景还出现在小说的后半部分，于连勾引费尔瓦克元帅夫人，并故意让玛蒂尔德·德·拉莫尔小姐看到，无非是为了刺激后者对其重燃爱火。诡计最终奏效，于连就这样再次征服了拉莫尔小姐。与司汤达小说中的"爱慕虚荣者"相比，普鲁斯特塑造的"附庸风雅者"有着异曲同工之妙。此人对他人的出身、财富和"优雅风度"嫉妒万分,处处效法,恨不得照单全收。勒内·吉拉尔认为,"在《追忆似水年华》(La Recherche du temps perdu)中,人们对欲望的模仿如此迫切,一旦羡慕之人坠入爱河或是跻身名流,他们就会心生妒忌或是故作高雅。借助欲望的三角结构,我们可以打开普鲁斯特文学的大门,更加深入地理解作品中因爱生妒和附庸风雅的心理共性"[1]。普鲁斯特还通过回忆个人经历,指出孩子的欲望同样源于模仿。书中,小马塞尔对成年人充满艳羡,希望得到他们的渴求之物。他念念不忘贝玛的演出,只因他崇拜的贝戈特喜爱这位优秀的演员。即便他对演出有些失望,却依然为演员的表现惊叹不已,而这些都要归功于榜样(贝戈特)的力量。在普鲁斯特关于欲望的描述中,理性永远能够战胜感性。作家就像一位讲述者,快乐溢于言表,同时借助喜爱的人物表达自己的观点。在他的引导下,人们张开想象的翅膀,任由欲望在心头滋长。他这样描述:"我的内心保有一片私密空间,它变化万端,足以掌控一切,这里寄托着我对哲学财富的信仰,对优质书籍

---

[1] René Girard, *Mensonge romantique et vérité romanesque*, in *De la violence à la divinité*, Bibliothèque Grasset, 2007.(勒内·吉拉尔著,《浪漫的谎言与小说的真实》,收录于《从暴力到神性》)。

的向往，无论哪类书籍，我都如饥似渴，希望在阅读中见贤思齐。虽然有些书是在贡布雷小镇购得，但我之所以选择它们，是因为教授或是同伴将其作为名著向我推荐。在我看来，真理与美好的秘密就蕴藏在书页之中。"[1]

一些人认为，欲望是独特且自发的。针对这种浪漫想法，文学家通过在作品中展现欲望的模仿属性及其三角结构，得出了相反的结论。首先是欲望的介体，他通常以榜样的形式出现，我们都想模仿他的所作所为，当然在少数情况下，他也可能是我们的敌人。模仿欲望到底对人有何影响？勒内·吉拉尔给出了一个惊人的解读。在他看来，所有欲望都源于模仿，而且与自身无关，仅存在于社会层面。我们是否应该赞成他的观点？经过深思熟虑，我认为这一结论过于绝对，需要客观看待。以我的童年为例，无论有意还是无意，我都产生过各种欲望，这些欲望主要源于家中长辈或是身边榜样，如滑雪、远足、学习知识或是聆听古典音乐……但与此同时，我也有着个人的追求和品位，这些与我的父母、兄弟姐妹以及曾经崇拜的成年人毫

---

[1] Marcel Proust, *À la recherche du temps perdu* [1913], cité par René Girard dans *Mensonge romantique et vérité romanesque, op. cit.*。（马塞尔·普鲁斯特著，《追忆似水年华》，被勒内·吉拉尔在《浪漫的谎言与小说的真实》中引用）。

无关系，比如写小说（我在12岁时就创作了第一篇短篇小说），演奏爵士鼓并在15岁时组建了一支摇滚乐队，导演一部电影（这个愿望尚未实现！）等。在我看来，实际情况与勒内·吉拉尔的结论存在微妙差别：有些欲望的确发乎本心，与个人的禀赋息息相关，而那些因模仿而生的欲望，则是受到了榜样或对手的影响。如果说勒内·吉拉尔的主要贡献是揭示了模仿欲望（尤其对于未成年人）的效力，那么我们还是坚持认为，人类欲望存在自发性。为了弄清事实、明辨是非，我们有必要借鉴斯宾诺莎和弗洛伊德的观点，他们认为，自由意志无所不能是个伪命题，事实上，人类绝大多数行为都是在无意识的情况下做出的。

替罪羊与模仿行为

在完成自己的首部巨著后，勒内·吉拉尔一发不可收，将毕生精力都献给了模仿欲望的研究，不过这一次，他的研究对象从个人变成了群体。在随后发表的一系列著作中，他将焦点对准替罪羊现象以及模仿心理在其中发挥的关键作用。"替罪羊"一说源于《圣经》，在赎罪日这一天，大祭司会将一只公羊逐至荒漠，以此洗赎以色列人的诸般罪孽。18世纪以来，这一表述逐渐普及，专指那些受到大众迫害、蒙受不白之冤的个人或少数群体。在其著作《祭牲与成神》(La Violence et le Sacré)中，勒内·吉拉尔分析认为，替罪羊的出现，为群体的情感宣泄提供了出口。人们罔顾受害者的清白，众口一词将所有罪责推到他的头上，对其极尽迫害之能事。这一现象出现在所有集体暴力中，其折射的正是人类的模仿本性。"明明受害者身负冤屈，为何众人还是针对他、不依不饶？因为这一切并非出于独立思考，也不是建立在事实准确的基础上，纯粹是模仿产生的群体效应。身处人群之中，对替罪羊的恨意如传染病一般扩散开来，每个人都无法幸免。"[1]在其最负盛名的著作《从创世起一直被隐藏的事物》(Des choses cachées depuis la fondation du monde)中，勒内·吉拉尔试图揭露献祭制度的荒谬性与破坏性。他认为，与神话故事和古代宗教的描述相反，受害者完全无辜，这一点在《福音书》中体现得淋漓尽致。书中，耶稣被众人献祭，成为集体暴力的受害者。大祭司该亚法宣称"与其众生灭绝，不如一人身死"，他将耶稣送上十字架，最终后者被判处死刑。吉拉尔表示："《圣经》与《福音书》为替罪

---

[1] René Girard, *Mensonge romantique et vérité romanesque, op. cit.* （勒内·吉拉尔著，《浪漫的谎言与小说的真实》）。

羊正名之举非同寻常、意义重大，是全人类的幸事。尤其为创建一个真正人性化的社会，这一突破必不可少。正如我所说的，我们必须彻底揭穿并摧毁替罪羊机制。目前，任务尚未完成，我辈仍需努力。"[1]只要一天没有充分认识到模仿造成的后果，我们就一天无法根除替罪羊现象，从而继续将社会的罪恶归咎于个人或少数群体。因此，无论从个人欲望层面，还是从集体行为角度，勒内·吉拉尔的提醒都十分有益，有助于我们更加清晰地认识模仿行为的深远影响。

---

[1] *Ibid.*（勒内·吉拉尔著，《浪漫的谎言与小说的真实》）。

4

妒忌

> 这个精神的刽子手,
> 就是妒忌。
>
> ——伏尔泰（18世纪）

在模仿欲望的驱使下,我们总是渴望着他人的渴望。除此之外,还有一类普遍存在的心态值得关注,即对他人的拥有之物念念不忘,看不得别人幸福,甚至希望别人遭遇不幸。尽管性质不尽相同,但这些感受拥有一个共同的名字——妒忌。在第一种情况下,眼红他人拥有的事物,可称之为"垂涎",比如我垂涎邻居的老婆或是同事的豪车。在第二种情况下,我们不忿于他人生活幸福,对其心生怨怼。这种不满日积月累,就会变成恨意,于是我们期盼他人厄运缠身,甚至故意造成别人的不幸。

由妒生恨

通常情况下,哲学家都会对第二种情况兴趣盎然,因为它折射出人性的一个惊人的特点:虽然我未必想把他人的拥有之物据为己有,但别人的成功和幸福让我郁闷。亚里士多德这样定义妒忌:"面对同辈获取一定的财富,内心感到无比痛苦,这并非出于个人利益的考量,纯粹因为成功的是同辈中人。"[1]

---

[1] Aristote, *Rhétorique*, II, 9-11. Je renvoie sur ce sujet à l'excellent article de Sylvain Matton dont je m'inspire ici : « Le premier péché du monde », in *L'Envie et le désir*, dir. Pascale Hassoun-Lestienne, Autrement, « Morales », 1998.(亚里士多德著,《修辞学》第II卷,第9~11页。在这一问题上,西尔万·马东发表过一篇颇具真知灼见的文章《世上首个原罪》,对我深有启发。文章收录于《妒忌与欲望》,帕斯卡尔·阿苏-莱斯蒂耶纳,以及《道德》)。

换言之，我们不是对别人的财产心存妒忌，而是攀比心理作祟，对他人由此获得的幸福眼红不已。亚里士多德将妒忌与怜悯进行对比后得出结论：怜悯只为他人的不幸感到难过，妒忌则为他人的幸福"苦恼万分"。此外，他还指出愤怒与妒忌的区别，认为愤怒并非对他人的幸福和成功感到不满，而是认定此人不配得到这样的好运。至于上进心与妒忌的差别，从表面上看，上进心会激发我们不断努力，去争取别人拥有和我们渴望的东西，但两者的本质大相径庭："正直之人力争上游，是为上进；卑劣之人暗中算计，是为妒忌。前者为上进积极争取，后者因妒忌断人财路。"[1]亚里士多德还指出，我们嫉妒的对象只可能是同辈中人，我们习惯与身边之人一较高下，却不在意远在天边的人们。无论是地理上相隔遥远，还是财富上差异巨大，我们都会忽略他们的存在。斯宾诺莎对这一观点表示赞同，他在《伦理学》中强调，人们只会妒忌那些与自己同等属性的人。[2]从词源学上说，希腊语中的"妒忌"(*phthonos*)包含恶意的成分，意指盼人倒霉或是幸灾乐祸。一旦心怀妒

---

[1] *Ibid.*（亚里士多德著，《修辞学》第 II 卷，第 9~11 页。在这一问题上，西尔万·马东发表过一篇颇具真知灼见的文章《世上首个原罪》，对我深有启发。文章收录于《妒忌与欲望》，帕斯卡尔·阿苏-莱斯蒂耶纳，以及《道德》）。

[2] Baruch Spinoza, *Éthique*, III, LV, « Corollaire », *op. cit.*（巴鲁赫·斯宾诺莎著，《伦理学》，第三卷"必然结果"，同前文所引著作）。

忌，人们就会别无所求，只想摧毁他人，或是盼着妒忌对象遭遇失败。

你若安好，我便郁闷

如何解释妒忌心理的产生？伟大的中世纪神学家托马斯·阿奎那(Thomas d' Aquin)从亚里士多德的分析中得到了灵感："所谓妒忌，就是为同辈的幸运感到难过，因为我们认定，他们分走了我们的好运，对自己造成了伤害。"[1]几个世纪后，这一观点被英国哲学家大卫·休谟重新提起。他指出，我们通常以他人为参照系，来评判自己的幸或不幸。因此，在他人不幸的衬托下，我们的幸福感就会格外强烈，反之亦然。妒忌心就这样"被别人的幸福唤醒，相较之下，我们的快乐变得黯然失色"[2]。我们任由恨意在心中滋长，以至于盼望他人遭遇不幸。

无论是希腊思想家，还是他们之后的基督教神学家，

---

[1] Thomas d'Aquin, *Somme théologique* [1485], 2a, 2ae, Q 36, art 1, conclusion.（托马斯·阿奎那著，《神学大全》）。

[2] David Hume, *Traité de la nature humaine* [1739], II, seconde partie, section 8.（大卫·休谟著，《人性论》，第II卷，第二部分，第八章）。

无不将妒忌视为万恶之源，认为它对灵魂的侵蚀最为致命。在中世纪和文艺复兴时期的画作中，妒忌通常被描绘成一位老者或老妇，他/她满怀仇恨、眼神冰冷，手中抚摸着一条毒蛇，毒蛇随时分泌毒液，就如同妒忌者散播谣言，对他人造成伤害。到了启蒙运动时期，哲学家对妒忌的批评依然毫不留情。在康德看来，妒忌是"丑陋可憎的罪恶，不仅导致自我折磨，还会见诸行动，摧毁他人的幸福"[1]。他的观点与伏尔泰不谋而合：

> 如果人类生来自由，就应该掌控自己的命运，
> 如果人类为暴君压迫，就应该推翻他的统治。
> 没有人比我们更了解，暴君是何等的邪恶。
> 他阴晴不定、恣意妄为，有着最残暴的手段，
> 他卑鄙怯懦、暴戾极端，无人可出其右，
> 是谁刺向心灵深处，给予我们恶毒的一击，
> 这个精神的刽子手，就是妒忌。[2]

---

[1] Emmanuel Kant, *Fondements de la métaphysique des mœurs*, op. cit. （伊曼努尔·康德著，《道德形而上学原理》，同前文所引著作）。

[2] Voltaire, *Sept Discours en vers sur l'homme* [1738], 3e discours. （伏尔泰著，《关于人类的七篇诗歌体论文》，第三篇）。

从欲望到妒忌

在这里,我们必须区分几个相似的概念,因为它们在词语搭配上多有重合。首先是单纯的妒忌,正如我在前文提到的,它只针对我们的同辈之人,这些人也是我们进行比较的对象;其次是觊觎,它针对的主要是人和财物;最后是猜忌,它的对象同样是人和财物,但不同之处在于,它多存在于三者之间,在猜忌心的驱使下,人们会抱团取暖,将第三人排除在外。

无论如何,妒忌、觊觎、猜忌都是欲望的衍生物或另一种表现形式。在法语的日常表达中,"妒忌"甚至可以作为欲望的同义词使用。例如,我想吃个冰激凌,我想与某某做爱,我想到海边度假,我想弹钢琴,我想买辆车……上述句式中,我们都是用"妒忌"一词来表达个人的物质需要或是各种各样的期待。通常情况下,这个词搭配的都是物质需求,因此使用时会让人放松警惕,感到只是普通愿望,这也在某种程度上淡化了欲望的强度,可以掩饰我们深藏的野心。举例而言,"妒忌"和"欲望"都可以作为动词表达"我对你充满渴望",但两者传递的信息截然不同。无论有意还是无意，前者体现的是一种生理需求的满足，就像我们平时所说的，"我想来一杯新鲜的啤酒"；后者展现的是一种全身心的投入，饱含激动的心情、复杂的情感以及生命冲动等。反过来说，我们也极少用"欲望"表达自己的生理需求，诸如"我想去卫生间""我想来杯可乐"等，如果非要用"欲望"作为动词，未免语气太过强烈，令人不适。不仅是生理需求，面对我们追求的物质财富，"妒忌"和"欲望"也有同样的用法。在日常用语中，当我们想要一台新电脑、一双运动鞋，或是一辆电动自行车时，最常用的就是"妒忌"。反之，一旦涉及更加深层次的愿望，比如对非物质或长远目标的追求，我们就会自觉使用"欲望"一词，如"我渴望重新规划职业生涯""我希望去国外生活""我渴望结婚生子""我期待不断提升自己"等。由此可见，我们在有意或无意间使用的词语都带有明显的倾向，其折射的正是我们对欲望的定性。通常来说，"妒忌"一词与生理需求和物质追求的关联最为常见。有人曾评价说，在一个崇尚消费的社会，欲望降级、物质至上，此言可谓一针见血。

5

消费主义与欲望操控

> 强加于人的欲望,
> 令吾等深受其害。

——阿兰·苏雄（Alain Souchon）（20世纪）

从20世纪20年代起，美国大型企业为维持或扩大利润，生产出大量商品。为了打开销路，他们极力劝说普通家庭购买自己并不需要的商品。在《工作的终结》(La Fin du travail) 一书中，美国经济学家杰里米·里夫金 (Jeremy Rifkin) 对这一现象进行了分析。他发现，推销广告最常用的手段，就是利用社会的攀比心理，将品牌与成功画上等号。

炮制"集体不满"

即使你不需要大马力汽车，广告的轰炸也会如约而至："知道吗？您的邻居已经拥有了福特野马 (Ford Mustang) 六缸汽车。"招数虽旧，却百试不爽。即使广告商不懂大脑运行机制，但他们清楚地知道，人们喜欢借助一些外在的、表面的符号彰显自己的社会地位，比如手表、鞋子、车子、手机等。广告商还发现，人们对现状永不知足，唯一能够取悦他们的方法，就是提供性能更强劲、制造更精密、外观更华丽的产品。正如时任通用汽车 (General Motors) 副总裁查尔斯·凯特林 (Charles Kettering) 所说，"经济繁荣的关键，就在于炮制集体不满"。里夫金也曾提到一份由时任美国总统胡佛下令撰写的经济情况报告，报告摘要如下："调查以确凿的方式证实了我们的理论，即人类的欲望永无餍足，愿望得到满足的一刻,意味着下一场追逐已然开启。总之就经济而言,一个广阔无垠的领域正徐徐展开。新的需求不断涌现,一旦得到满足,更新的一波就会接踵而至……在广告及各种推销手段的加持下……产品销售有如神助,以肉眼可见的速度直线上升……看起来我们可以继续开足马力……我们的情况十分乐观,我们的势头不可阻挡。"[1]

"生产是因,需求为果"

20世纪60年代,另一位美国知名经济学家肯尼思·加尔布雷思(Kenneth Galbraith)也对消费主义动因进行了详尽的分析。加尔布雷思曾任哈佛大学教授,还担任过肯尼迪总统的特别顾问。他认为,在言论自由的幌子下,人们做出的每一个选择,都在无形中受到了他人的支配。那些为新自由主义高唱赞歌的人,总爱鼓吹消费者的自由与尊严,但这只是一个荒谬的骗局。事实上,消费者只能受制于产品供应和广告宣传。加尔布雷思一针见血地指出,"生产是

---

[1] Jeremy Rifkin, *La Fin du travail*, La Découverte, 2006 ; cité par Sébastien Bohler, in *Le Bug humain*, *op. cit.*(杰里米·里夫金著,《工作的终结》。转引自塞巴斯蒂安·博勒尔著作,《人类的故障》,同前文所引著作)。

因，需求为果"。换言之，经济的主要任务就是制造需求，然后加以满足。生产者使尽浑身解数，劝说消费者购买更多的商品，虽然有时是无心之举，但他们实际上利用了人们盲目攀比和渴望得到认可的心理。加尔布雷思表示："个体不仅为工业系统奉上自己的积蓄，掏空自己的钱包，还要负责消费他们的产品。与之相比，没有任何一种宗教、政治或道德活动，能够让我们如此全心投入、了若指掌，并且付出高昂的代价。"[1]在加尔布雷思和其他学者如热瓦西(Gervasi)、帕森斯(Parsons)、里斯曼(Riesman)看来，需求与社会价值密切相连，一旦需求得到满足，也就意味着我们认同了这种价值。归根结底，个人的选择取决于是否接受一种生活方式，以及是否愿意融入特定社会的价值体系。

个体的崛起

1970年，法国社会学家让·鲍德里亚写下《消费社会》一书。这部杰出的著作，时至今日依然具有广泛的影响力。在书中，鲍德里亚对上述两位美国经济学家的理论

---

[1] Cité par Jean Baudrillard, in *La Société de consommation*, Denoël, 1970 ; Folio essais, 1986. （转引自让·鲍德里亚著，《消费社会》）。

进行了补充和完善，为读者总结梳理现代消费社会的典型特征，揭示了其虚幻甚至是神奇的一面。一些新自由主义经济学家认为西方社会暴力事件有所下降，正是得益于物质的极大丰富和欲望得以自由实现，鲍德里亚对上述观点给予了批驳。不过他也认为，消费社会相对而言比较稳定，它让个人成为真正的主体，其奉行的游戏规则和价值体系也得到了人们的广泛认同。"消费绝不是什么前途不明的边缘领域，唯有在这里，个体才能重拾微末的自由，感知自身的意义，而在其他地方，他们只能处处受限。此外，消费也是主动的行为、集体的狂欢，它还是束缚，是道德，是制度，是一整套价值体系，承担着群体融入和社会控制等职能……总而言之，消费仅凭一己之力，就填补了所有意识形态鸿沟。随着时间的推移，它在社会融入方面也取代了早前社会的等级划分和宗教惯例，开始发挥独一无二的作用……我们甚至可以得出这样的结论：在资本的助推下，生产力不断提高，这一进程最终导致消费时代的来临。在这个时代，一切都发生了天翻地覆的变化。商品逻辑深入人心，它不仅能够决定工作流程，支配物质财富，还深刻改变了文化传统、两性关系和人际交往，甚至造成人们的幻觉和冲动。在商品逻辑的统治下，无论产品的性能，还是用户的需求，都是可以被具象化、被操纵的对象，都必须服务于利润。更重要的是，没有一样东西能逃过商品化的命运，人们会调动所有力量，将其变成图像、符号或是消费模型。"[1]当然，让·鲍德里亚也将消费主义同此前的社会心理进行了比较，因为消费主义同样建立在信仰的基础上，人们对一些符号顶礼膜拜，认为其无所不能。比如我们追求的幸福和成功，其实是消费社会为我们打造的符号，人们却对此深信不疑、趋之若鹜。

消费主义与跟风盲从

比上不足，比下有余——这就是美国中产阶级的生活标准。几十年来，这种标准风靡西方，并在逐渐影响世界。事实上，现代消费者跟风心理严重，他们会严格按照社会认可的标准选择生活方式。他们几乎没有批判精神，欲望全部源于模仿，而且仅限于物质需求，从社会流行到广告轰炸，再到媒体宣传，其选择始终被外界左右（还记得媒体多少次向我们夸耀技术进步和新产品优点吗？）。孩子们梦想得到时尚的耐克运动鞋、苹果手机和最新款的电子游戏

---

[1] Jean Baudrillard, *La Société de consommation, op. cit.* （让·鲍德里亚著，《消费社会》）。

操纵机，成年人则在追求大马力汽车、耀眼的名表和奢侈品手提包。一次访谈中，广告大亨雅克·塞格拉(Jacques Séguéla)曾语出惊人："如果50岁还未曾拥有一块劳力士，那么你的人生就是失败的。"在大多人看来，这句话无异于一道倨傲的命令，它告诫我们，只有消费才配生存。市场营销不断激发新的欲望，并为消费者营造不可或缺的假象，而事实上，在数千年的时间里，这些东西对人类而言完全可有可无。我们将这种营销手段称为产品的"欲望化"。让一件商品得到追捧有多种方法，最有效的窍门就是物以稀为贵，这也是奢侈品工业经久不衰的成功密码。从名表到豪车，再到手提包，当它们被标上高昂的价格，或限量生产，或等待数月才能到货，那么它们就会身价百倍，格外受到人们的垂青。

我消费，故我在

近二十年来，广告策略也在发生变化。至少在明面上，它逐渐减少了利用攀比心理推销产品的行为（由于此前的滥用，如今它已经黔驴技穷），而是转向追求本真、自我实现等主题，这也是现在最流行的方式。当有人言之凿凿地告诉你，此物能让你成为真正的自己，或是与你的个性完全契合，是不是能立刻激发你的购买欲望？话术可谓巧妙，实则荒谬至极。广告面向的是百万乃至上亿受众，每个人天差地别，产品如何做到量身打造？然而谎言根本无人在意，因为它迎合了人们成为自己的深切渴望，击中了消费者追求最真实欲望的普遍心理。商家向众人兜售个性，但这些标准化生产、贴着名牌标识行销全球的商品，恰恰毫无个性可言。没有什么比按广告购物更加盲目，而消费者偏偏相信自己的决定发乎本心，认定自己找到了合适的商品，满足了内心深处的欲望。

之所以出现这种情况，是因为人的模仿欲望在发挥作用，这一点我们在前文也曾提及。试想一个人（明星最为常见）不停地夸赞产品的质量，信誓旦旦地表示产品成就了自我，我们难免会将自己代入此人，相信产品对自身也有同样效果。而事实不过是我们在效仿他人的需求，这里我用"需求"代替"欲望"一词，是因为这种行为过于盲目，不足以称为"欲望"。

批评精神的缺失与欲望的贫瘠

盲目跟风、效仿他人、缺乏批评精神、欲望减退……消费社会逐渐磨平了人们的个性，这种状况愈演愈烈、令人忧心。当然，既得利益者早已准备好一套说辞，如自由选择、自我实现等，极尽全力掩盖真相。然而事实摆在眼前：消费社会让个体沦为掏钱埋单的蠢货，他们懒于思考，只听从大脑原始本能的驱动，只知一味模仿他人的需求。新自由主义学派一向支持消费社会，认为后者可以为我们带来自由和幸福，可惜事与愿违，这一体系正是导致盲目跟风与悲观情绪的罪魁祸首。在实现欲望的过程中，我们被安排、被压制、被操控，永远无法得到满足。

为了改变这一状况，我们必须打破固有观念，不再将幸福与社会成功及物质财富画等号。我们还需提高判断力，不断锤炼批判精神。尤为重要的是，我们要重新找回内心深处的欲望，它发乎本心，蕴含着无穷的生命冲动。在本书的第三部分，我将对此进行详细阐释。不过在这里，我还是想提醒诸位：幼童和未成年人的欲望正在为人操控，特别是通过社交网络，这一现状令人忧虑。

6

变形的拇指姑娘

只有上帝知道,

我们的所作所为对孩子的大脑有何影响。

——肖恩·帕克(Sean Parker),

脸书(Facebook)前副总裁(21世纪)

2012年，米歇尔·塞尔（Michel Serres）出版了又一力作《拇指姑娘》。相较于他对社交媒体的肯定态度，我倒是忧心忡忡、不敢苟同。仅以我身边为例，沉迷于网络的青少年比比皆是，有人一天花费数个小时用手机冲浪，哪怕一条评论、一个点赞都能让他们神魂颠倒。虽然现有信息和研究成果存在滞后，但我们依然可以断定，关于社交媒体的担忧并非空穴来风。媒体数据监测公司Médiamétrie 2021年11月24日公布的一项调查显示，在法国15~24岁的青少年中，每天用智能手机上网的时长达3小时41分，而在全民范围内，这一时长只有1小时37分。近年来，青少年的上网时间越来越长，其中绝大部分都被用于社交媒体。全球范围内，现有42亿社交媒体的活跃账号，多数媒体如脸书、照片墙（Instagram）、抖音国际版（TikTok）、阅后即焚（Snapchat）等会邀请用户建立个人头像，头像如同一张名片，可以帮助青少年向外界展示自己的形象。每发一个帖子，每分享一桩趣事，他们就有机会接触志同道合的群体，提升自己的知名度。同时，借助美颜和修图等手段，他们将精心修饰的照片和视频上传到主页，向人们展现自己最好的一面。不过凡事皆有利弊，如果有人恶意散播谣言，或是上传不雅照片，个人名声就会毁于一旦。比如网上流传的性爱录像，每年都会造成数十名青少年走上绝路，这也是网络作恶最惨痛的事例。

社交媒体与社会认可

归根结底,社交媒体的一系列操作,就是为了满足人们对社会认可的初级需要,这也是大脑孜孜以求的目标所在。因此,社交媒体的成功,主要得益于我们对外界赞美、仰慕以及认可的期待。每当我们获得一个新的点赞,收到一条积极的评论,大脑就会分泌多巴胺作为奖赏。日复一日,我们就会逐渐上瘾、无法自拔。更为糟糕的是,社交媒体就是为了满足人类的欲望而生。脸书老员工曾披露,他们不断改进功能,目的就在于让更多未成年人对这一应用形成依赖。2017年11月,脸书的创始人之一肖恩·帕克向人们发出警告,他自称社交媒体的"良心发现者",指责脸书及其同行成功"利用公众的脆弱心理",并且说出了那句在网上广为流传的名言:"只有上帝知道,我们的所作所为对孩子的大脑有何影响。"[1]接下来,脸书前用户增长副总裁查马斯·帕里哈毕提亚(Chamath Palihapitiya)也向老东家发起挑战。在对斯坦福大学商学院学生发表演讲时,他建议后者"长期停用"社交媒体,坦言自己十分

---

[1] 转引自网站https://www.theverge.com/2017/12/11/16761016/former-facebook-exec-rippingapart-society.

后悔设计了一套操纵并摧毁青少年心理的系统。为了达到这一目的，设计人员刻意引导青少年对自己的价值观产生怀疑，从而长时间泡在网上寻求安慰；然而事实表明，这样做只会适得其反[1]。

神经学家塞巴斯蒂安·博勒尔的诘问振聋发聩："在严重的社会问题面前，为何青少年格外不堪一击？答案就在于他们的大脑只是一个'简单的纹状体'。在男孩15岁左右（女孩会稍微早些），大脑核心区域，如腹侧被盖区、伏隔核、苍白球、尾状核等开始充分发育，这些区域的神经元在交流信息时会释放大量多巴胺。大脑发育不仅意味着性意识的觉醒，也表现为对社会身份的极度敏感。"[2]

彼之癖好，吾之生意

未成年人渴望社会认可，网络巨头正是利用这一心理，极尽所能将他们的注意力引向社交媒体。这些商人所求无他，唯利是图而已。虽然社交媒体的使用全部免费，

---

[1] 转引自网站 https://www.theverge.com/2017/12/11/16761016/former-facebook-exec-rippingapart-society.

[2] Sébastien Bohler, *Le Bug humain, op. cit.*（塞巴斯蒂安·博勒尔著，《人类的故障》）。

但运营商却能通过一套算法系统，掌握用户的兴趣和核心关注点，进而有针对性地向用户推送通知和广告。在美国，44%的广告收入都与数字技术有关，谷歌和脸书则独占新增广告的2/3。换言之，网络工业在人们不知情的状况下窥探个体心中所想、厌恶之事以及日常习惯，从中获取了巨额利润。谋求利益无可厚非，但为此操控乃至摧毁青少年的心理不可容忍。美国奈飞公司（Netflix）2020年制作并播出了一部精彩的纪录片《隐藏的真相》。在片中，谷歌前伦理设计师、人类技术中心创始人之一特里斯坦·哈里斯（Tristan Harris）的见解可谓一针见血。他表示，"通常情况下，一件工具只会静静待在角落，耐心等待主人的使用。当它向你提出要求，试图通过引诱、操纵等手段达到自己的目的时，那么它的属性已经发生了变化。过去，人类的发明仅仅限于工具之用，如今，这些工具已然成为引人上瘾和操控人心的帮凶！这就是环境的变化。社交媒体不再是任人摆布的工具，它们有着明确的目标，为了达到目的，他们不惜动用技术手段拿捏人心，将人们玩弄于股掌之间"。在了解了上述情况之后，我们就会更加懂得一些企业家对待电子产品的态度：硅谷老板会将孩子送到禁止使用平板和手机的学校；苹果创始人、传奇企业家史蒂夫·乔布斯在去世前不久接受《纽约时报》采访时承认，他不允许自己的儿子使用公司刚刚推出的平板电脑。我的朋友、现任法德公共电视台Arte总裁布鲁诺·帕蒂诺(Bruno Patino)是媒体数字技术的先锋人物,他在《金鱼文明》(La Civilisation du poisson rouge)一书中坦言,"最初的乌托邦正走向消亡,它死于自己一手缔造的两头巨兽。其一是群体疯狂,它由个体情绪累积而来;其二为经济权力,它是物质财富极大丰富的结果。这两股力量自诞生之日起,就未得到极端自由主义应有的重视,导致它们野蛮生长,酿成大祸。我们对社交媒体的痴迷,不过是两股力量相互作用所致,在经济上层建筑的作用下,它们相辅相成、不断变强,最终摧毁了我们的自由"[1]。

互联网新症状

按照拉博埃西(La Boétie)的说法,未成年人对网络的依赖如同"自愿为奴"。那么,我们该如何帮助他们摆脱泥潭?环顾世界,在相关法规严重缺位的情况下,唯一的解决之法便是个人调节。首先,要充分了解网瘾对自由和身心健康的危害,学会自我约束,杜绝任何上瘾的可

---

[1] Bruno Patino, *La Civilisation du poisson rouge*, Grasset, 2019.(布鲁诺·帕蒂诺著,《金鱼文明》)

能。大量心理学研究表明，痴迷社交媒体会对人们特别是青少年造成严重伤害。比如大脑极度兴奋可能导致注意力不集中和睡眠障碍；青少年的自我评估也会因此出现问题，他们不停查阅社交媒体账号，急于了解自己的博文又获得了几个点赞或是哪些评论。美国疾病预防与控制中心(Center Disease Control and Prevention)对1996年后出生的青少年(Z世代)进行调查后发现，这一群体的焦虑情绪呈明显上升趋势。2009—2015年，因自残入院的女孩出现激增，15~19岁年龄段增幅为62%，10~14岁年龄段增幅高达189%。青少年自杀情况同样不容乐观。相较于2001—2010年，2009—2019年自杀人数大幅上升，15~19岁年龄段增幅为70%，10~14岁年龄段更是飙升了151%。所有证据表明，造成这一局面的罪魁祸首正是社交媒体。

沉迷社交媒体让人们疾病缠身，比如焦虑症，病患会事无巨细地将日常生活分享在网上；比如人格障碍，患者会出现精神分裂，在线下与线上的不同身份间迷失自我；比如遗忘恐惧症或是"阅后即焚"畸形症，后者因社交软件"阅后即焚"而得名。这一软件在年轻人中十分流行，用户可以借助各种滤镜，将个人形象进行美化。不过问题也随之而来，一些未成年人因沉迷于滤镜中的自己，不惜求助于整容手术，如皮肤去皱、开眼角、改变眼睛颜色、模仿真实或传说中的动物形象等。除了上述心理疾病，社交媒体的危害远不止于此：这里充斥着未经分类和甄别的海量信息，谣言、诽谤和阴谋论层出不穷，但它是许多人获取信息的唯一渠道，长此以往，人们的思想就会产生混乱。此外，高强度地使用社交网络还会导致人的自我封闭。早在1983年互联网时代到来之前，哲学家吉尔·利波维茨基（Gilles Lipovetsky）就在其著作《空虚时代》（L'Ère du vide）中指出："人们总是渴望发现自己，而且希望与志同道合者共同完成。这是一种集体自恋的行为，人们因相似而相聚，又因抱有同样的存在目标而心意相通。"[1] 社交媒体的出现，不过是放大了这一现象，其唯一的作用就是加固人们的信息茧房。让人们聚在一起的，不仅是相同的志趣，还有大数据算法。后者根据我们的习惯、癖好推送通知和广告，导致我们变得愈发故步自封、刚愎自用。

如何摆脱困境？

如何帮助网瘾少年回归正常生活？教育工作者理应

---

[1] Gilles Lipovetsky, *L'Ère du vide*, Folio essais, 1983.（吉尔·利波维茨基著，《空虚时代》）。

率先垂范，减少对互联网的依赖。如果我们自己都是低头一族，每天花几个小时摆弄手机，又该如何说服青少年限制上网时间？现在，越来越多救治网瘾少年的网站涌现出来，为无计可施的家长提供帮助。在美国，不少教练和心理治疗师专注研究"受控上网"这一问题，特别是针对儿童和青少年。比如美国教师格洛里安·德加埃塔诺（Glorian Degaetano）成立的国际家庭教练组织（Parent Coach International），其网点遍布世界，在行业内享有盛誉。以上建议和方法固然有用，但在我看来，当务之急是重新规划自己的欲望。这一点至关重要，却往往为人们忽视。未成年人之所以沉迷社交媒体，是因为无比渴望得到社会认可，并陷入这样的快乐无法自拔。有鉴于此，戒除网瘾最稳妥的方法，不是简单粗暴的物理隔绝，而是陪伴他们找到新的人生动力，让他们同样得到认可、获取快乐。正如巴鲁赫·斯宾诺莎所说，只要我们有足够的理性与意志力，就能戒除癖好，远离那些误入歧途、致人不幸的欲望。在本书的后半部分，我们还将对这一观点进行详细探讨。为了战胜心魔，我们必须调动积极的情绪与之对抗，将欲望引向能令自己快乐的一件事、一个人或一项活动。理性帮助我们锁定目标，意志力督促我们持续跟进，欲望则是实现变化的强大动力。我经常举这样一个例子：一个年轻人痴迷网络，终日意志消沉，他从不出房间，电子产品不离其手。多亏他的亲属送给他一只可爱的小猫，小家伙渐渐转移了他的注意力，占据了他的心灵。后来，他开始走出房间，来到面朝花园的客厅开闭门窗，只为方便小猫进出。再后来，他对小猫的喜爱和兴趣帮助他战胜自我，不仅摆脱了抑郁，也戒除了网瘾。在这个故事里，助他脱困的角色可以是小猫，也可以是浪漫的爱情，可以是令人痴迷的艺术，或是催人奋进的体育运动，总之所有能令我们振作的事物……人生一世，无不与欲望、动力息息相关。当欲望失去方向，不仅损身，而且伤心，最好的解决方式就是调整航向，向着幸福和快乐出发。

7

性欲

性欲与高尚、压抑、道德无关，
它只会在色情作品中大放异彩，
后者比性本身还要性感。

——让·鲍德里亚（20世纪）

当我开始撰写本书，或者说每次准备围绕欲望著书立说的时候，朋友们都会想当然地说上一句："啊，你终于要写性欲了！"性欲是如此为人熟知、感受强烈，以至于只要提及欲望，人们就会第一时间想到性欲。我在前文曾经说过，作为大脑的初级强化物之一，性构成了人类行为的主要动力，后者甚至超越了繁殖后代的本来功能。在谷歌等互联网搜索引擎上，"性"这个单词高居前列，每年人们观看的性爱视频高达1360亿条，平均每位手机用户348条。每天人们在网上浏览的视频中，1/3也都与性相关。

弗洛伊德眼中的性欲

弗洛伊德曾指出性欲是人类行为的主要动力，如今看来这种说法毫无问题。在此之前，不少科学家已经发现性欲对人类行为的决定性作用，但他们的研究大多建立在进化论、生物学及解剖学等基础之上。在1905年发表的《**性学三论**》(*Trois essais sur la théorie sexuelle*) 中，我们的维也纳名医弗洛伊德首次从心理学层面对性进行了分析，并将其视为人类行为的本质。针对性欲这一概念，他指出，性本能的多样性及其不同表现，如幼儿性欲及其发展阶段(口唇期、肛门期、性器期、生殖期等)、性欲导致的心理冲突、自恋以及双性恋等。他甚至将性欲与人生动力画上等号,认为性欲可以对抗死亡冲动。不过,弗洛伊德的弟子纷纷质疑他的理论。他的继承者、瑞士精神病专家卡尔·古斯塔夫·荣格指责弗洛伊德意图将性欲理论变成真正的"信条",他在这一问题上与老师存在诸多分歧。他不认同恋母情结与乱伦之欲,认为大多数神经官能症与性欲无关,他尤其反对将性欲等同于性本能。在他看来,性欲不仅是自发的"动力",也是一种生命冲动,在它的刺激下,人们除了享受性的快感,还会积极寻求社会认可或是精神层面的自我实现。在本书的第三部分,我还会对荣格关于欲望和生命冲动的理论详加阐释。尽管弗洛伊德过于强调性本能的重要性,将其视为所有神经症状的根源以及人类行为的动力,但他的理论也不是全无价值,其可贵之处在于指出性欲对于人类活动的重要意义,并从心理层面对性欲的关键作用进行解读。在此之前,人们只是通过想象和情感认识性欲,对它的了解仅仅停留在生物层面。尽管生物科学和大脑研究当时仍然处于初级阶段,但弗洛伊德依然大胆预测,上述学科将极大丰富人们对性欲的认知。他在1920年写道:"生物科学蕴含着无限的可能。在可预见的将来,它将为我们带来最为惊喜的发现，我们甚至都不知道，它将如何回答我们的问题。"[1]

从生物学角度看性欲

如今，距离弗洛伊德时代已经过去了一个世纪，生物学的飞速发展以及人工智能的强大支撑，让人们得以更加深入地探究性欲的奥秘。我们了解了性欲产生的神经回路，并通过功能性神经影像检查，识别出大脑中与性欲和性冲动有关的区域。这一技术还能帮助我们分辨因性欲而分泌的化学物质（如多巴胺、5-羟色胺），或是因恋爱而释放的催产素、后叶加压素等物质。催产素会强化我们对爱人的怜惜，后叶加压素的作用则是确保我们对配偶忠贞不二（一夫一妻）。法国生物学家塞尔日·斯托雷鲁（Serge Stoléru）研究发现，性冲动由四大元素构成："首先是认知，它让我们感受到性的刺激（而不是其他），并引导我们专注于此；其次是动机，也就是字面意义上的性欲，在它的驱使下，我们会向被吸引的对象不断靠近；最后是情感（快感、惊慌等）与肉体

---

[1] Sigmund Freud, « Au-delà du principe de plaisir », in *Essais de psychanalyse* [1922], Payot, « Petite bibliothèque », 2001. （西格蒙德·弗洛伊德著，《超越快乐原则》，《精神分析论文》）。

(生殖、激素等)。以上现象均由大脑抑制机制负责操控。需要强调的是,性冲动的四大元素既由主观意识决定,也会受到神经系统影响。主观意识就是我们的所知所感,可以从现象学角度加以理解;神经系统则意味着确定性,它构成了一切行为的基础。"[1]

生物学和心理学的结合

换言之,性欲会同时调动我们的机体、大脑、情感和心理。在这一点上,塞尔日·斯托雷鲁与斯宾诺莎可谓不谋而合,他不仅承认心理在欲望中的重要作用,还坚定捍卫性欲的"一元论"观点。后者认为,身体和精神在性欲中缺一不可,如果人们不能从生物和心理的双重角度进行分析,就无从真正地了解性欲。只强调性欲的神经学及生物学维度,或是只关注性欲的心理因素,都是不可取的。事实上,性欲由多重因素决定:起初,人们出于物种延续的目的产生冲动(多数情况下为无意识状态),其间,人们还会受到文化现象和幻觉、性禁忌及历史等因素的影响,当然

---

[1] Serge Stoléru, *Un cerveau nommé désir*, Odile Jacob, 2016.(塞尔日·斯托雷鲁著,《名叫欲望的大脑》)。

也少不了情感和大脑化学反应的作用。在弗洛伊德和斯托雷鲁理论的基础上，我们可以将性冲动的各种因素归纳为两点，一是主观和心理因素（即我们的真实感受），一是神经因素，其外在表现为大脑分泌物和运行机制，上述两点彼此依存、不可分割。总之，无论是情欲还是爱欲，都是精神、大脑、心理和生物本能共同作用的结果。不过对于弗洛伊德的观点，有一点我不敢苟同，我不认为欲望的所有目的都指向性欲，比如在一段恋爱关系中，无论是情愫暗生，还是白头偕老，都不一定完全与性相关。需要指出的是，弗洛伊德的性欲理论诞生于一个特殊时期，在当时的社会环境下，人人谈性色变。人心越是禁锢，欲望越会疯狂滋长，于是性欲更多源于因缺失而产生的幻象，而不是具体的对象，即我们倾慕的意中人。一个世纪过后，性解放运动席卷而来，对人们的思维和性行为产生了颠覆性影响，弗洛伊德提出的超我概念（道德定律的内化）也随之发生了巨大的变化。在此前很长一段时间里，性欲都受到来自宗教和文化禁令的压迫，如今一朝解放，它的呈现方式与我们祖父母时代相比已是大相径庭。翻开19世纪和20世纪初的小说，我们会发现性欲与禁忌、想象竟是如此紧密相连。面对禁忌，书中的主人公无不渴望摆脱牢笼。在想象方面，作者的描写异常贫乏，无非是小露肌肤，或是半展酥胸，而恰恰是因为半遮半掩、难以触碰，小说描写才格外令人神往。这种情况一直持续了至少一个世纪，我们才实现了从隐晦到开放的转变。在现在的色情作品中，一切一览无余、触手可及，如同快消品一般供人享用。那么问题也由此而来：面对简单粗暴、通俗易懂的色情作品，关于情色的想象是否已被扼杀，情欲的力量是否已沦为对身体的消费？

情爱与自恋

正如我们所知，性欲绝非简单的满足生理需求或是繁衍后代，它需要投入情感、付出想象，有时还要做到移情，总之是一个极其丰富和复杂的心理历程。通过精神分析法，我们已经掌握了欲望的生成机制，它尤其与人类幼年的创伤密不可分。换言之，我们的成长经历对性欲起着决定性作用，而性欲又对爱情意义重大。从我们被一个人的外表吸引，到对他/她的一切兴味盎然，再到坠入爱河，性欲就是一段恋爱关系的缘起。当前，除了少数传统社会还要依靠父母之命、媒妁之言，绝大多数夫妇都是自由恋爱结合的。无论他们有无意识，其婚姻基础都建立在性欲之上。当时光流逝、情淡爱弛，不少夫妇只能选择分手，或是做出其他"安排",以确保自己的性生活依然丰富多彩(如开放型婚姻等)。

初次见面时,我们总会自行脑补许多细节,我们极力将对方理想化,对爱人充满期待。人们常说爱情使人盲目,依我所见,不如说是色令智昏,因为在一段关系发展的过程中,性欲几乎从未缺席。性欲源于缺失,有时我们必须悉心维护,才能点燃对方的热情。从哲学角度看,所谓"爱之激情",就是被动体验所有复杂的情感(在法语中,"被动"与"激情"为同一词根)。我们无法保持头脑清醒,总是被自己的想象、各种社会和心理因素以及内心的情感迷惑了双眼。我们的欲望十分强烈,但也因此患得患失,担心失去爱人,不再为人渴望。占有欲和妒忌心潜滋暗长,再浓烈的情感也会随之烟消云散。压倒骆驼的最后一根稻草,也许是妒忌引发的一出闹剧,抑或是发现爱人并非心中所想,于是幻想渐趋破灭。弗雷德里克·贝格伯德(Frédéric Beigbeder)曾断言"爱情只能持续三年",但他指的并非真正的爱情,而是因性欲而生的激情。不过在我看来,他还是过于乐观了!

弗洛伊德对自恋也有所涉猎。他指出,当伴侣与自己完全合拍、形同一人时,我们就能像爱自己一样爱恋对方。但当伴侣无法给予满意的回应时,我们就会对其失去兴趣,最终一走了之。有时，我们爱上自己或他人的欲望，甚至超过对本人的爱恋！归根结底，我们需要的是感受欲望，或是成为他人渴望的对象，一旦希望破灭，我们就会转向其他的目标。在本书第三部分，我们将阐释如何将激情与自恋转化为真爱，唯有如此，我们才能获得更为深厚和长久的快乐。

色情、性表现、自恋……以及欲望的枯竭

在现代社会，性欲的发展存在三种趋势。第一种即韩裔哲学家韩炳哲（Byung-Chul Han）所说的"同质化地狱"，在这里，差异不复存在，所谓伴侣也不过是我们顾影自怜的一面镜子。第二种表现为对性能力和享乐主义的顶礼膜拜，为此甚至不惜付出任何代价。几个世纪前，人们追求的是道德和宗教禁忌下的超我，如今的超我却与性表现紧密相连。当禁令让位于自由，昔日婚外情的禁锢早已不复存在时，取而代之的是"只管尽情表现，享受极致欢愉"的放纵行为。日复一日，人们醉生梦死，性欲也趋于枯竭，这种情况在年轻一代身上表现得尤为明显。因此，第三种趋势的出现，实则是前两种趋势种下的苦果。早在1983年，触觉灵敏的法国社会学家让·鲍德里亚就写下这样一番话

语:"性欲与高尚、压抑、道德无关,它只会在色情作品中大放异彩,后者比性本身还要性感。"[1]在他看来,色情作品风靡全球,与其说是性解放运动的成果,不如说是资本的胜利。后者将一切变成商品,我们的身体也由此沦为被展示和被消费的工具。韩炳哲在鲍德里亚研究的基础上继续深入,他认为,从人之大欲到色情作品,从挑战禁忌到放任自流,从循序渐进到及时行乐,这些变化意味着灵肉合一的性爱"一元论"已经终结。我们的伴侣被物化,成为被消费的对象和自恋的参照系。"对另一半的渴望让位于自我享受,我们追求内在舒适,将快意潇洒作为终极目标。如今的爱情,早已失去传奇色彩,不再具有反抗精神……在这个以自我为中心的时代,那些因爱而生的欲望不复存在。同质化地狱的特征渗透到社会的方方面面,我们再也无法体验真正的爱情,因为它不追求对等,也与外在属性无关。"[2]

一项社会调查印证了上述哲学论断,2022年2月,法国民调机构IFOP公布了一项对1000名法国青年进行的调

---

[1] Jean Baudrillard, *Les Stratégies fatales*, Grasset, « Figures », 1983.(让·鲍德里亚著,《致命的策略》)。

[2] Byung-Chul Han, *Le Désir. L'enfer de l'identique*, Autrement, « Les Grands Mots », 2015.(韩炳哲著,《欲望:同质化地狱》)。

查。结果显示,不少西方青年性欲不振。在15~24岁这一年龄段,43%的青少年一年内没有发生任何性行为,44%的受访者与一位伴侣发生过性关系。这与我们预想的情况大相径庭。在大众的普遍认知中,青年既爱观看色情产品,也善于运用约会软件,本应是一个纵欲的群体。这些统计数字激起了《世界报》两位记者洛兰·德·富歇(Lorraine de Foucher)和索菲娅·费希尔(Sophia Fischer)的好奇心,他们与年轻人深入接触,采访了数位照片墙的意见领袖,其中费希尔对这一问题颇有研究,并在扎实调研的基础上有多部著作问世。最终,两位记者完成了一份激动人心的调查报告,于2022年7月9日正式发表,从中我们可以得出两大结论。

首先,年轻人对性充满恐惧。对男孩而言,他们担心的主要是在性行为中表现不佳。不少人都曾提到首次性行为带来的心理创伤。他们心中充满"不确定性",担心自己不够出色,无法带给伴侣极致的体验,或是没能实现自我满足。对女孩而言,她们最怕出现意外,特别是在性行为中遭受暴力,事实上这样的情况早已屡见不鲜。她们选择守身如玉,避免同他人发生关系,或是被迫做不情愿的事情(如口交等)。除了恐惧,消费主义对性的侵蚀也令年轻人感到厌恶。24岁的让娜抱怨道:"现在的约会软件,就像Uber Eats之类的送餐应用,很快就会倒人胃口……我想要的是火花四射，是不同寻常，但无论我怎么努力，最后的结果都是一无所获。"23岁的卡梅隆是一位同性恋者，他认为，无论是性表现还是性消费，都被人为设置了条条框框，他渴望摆脱这些束缚。"如果有机会重新来过，我一定多倾听内心的声音，多花时间了解对方，与爱人约会、聊天，畅谈所思所想，我们将一起建构只属于我们自己的回忆。"

曾几何时，色情片为人们树立了性爱的标准，强大的性功能也备受推崇，但如今的年轻人对此心生厌倦、精疲力尽。不少人开始重新思考性欲的真谛，无论是想象、期待、默契、情感、爱意，还是一些若有若无的禁忌感（虽然我认为弗洛伊德的理论过于绝对），都能激发性欲的活力。换言之，我们寻求的是性欲的个性化，希望自己的另一半不仅独一无二，而且神秘莫测、动人心弦。鲍德里亚的解读十分精辟，他认为，一旦性欲只能在色情作品和对身体的消费中大放异彩，它也就走到了终点。只有当情色于暗处涌动，在想象中生长，在真正的邂逅中绽放魅力，在五味杂陈中汹涌澎湃，它才能获得新生。无须理会相遇持续多久，也没必要在意它是真是幻，是充满激情还是刻骨铭心，只要与心爱之人全心投入，我们就能重拾激情，而不是将注意力集中在鱼水之欢，将其视为唯一乐趣。

重塑性欲与爱的纽带

根据我们的观察，越来越多的年轻人渴望摆脱社会为性欲设定的标准模式，如对异性恋或同性恋进行区分，判定人们是沉溺于情色还是追求浪漫，鉴别忠诚或不忠，等等。他们摸索向前，试图找到最适合自己的方式。在此过程中，他们或是循序渐进，或是尝试几种不同的模式，例如无缝衔接、多角恋、稳定关系、同性恋、异性恋等。正因如此，越来越多的年轻人将自己定义为泛性恋，即无论对方的性别和种族，都能对任何人产生性冲动或是爱意。此外，还有一种现象与日俱增：单纯性行为与浪漫爱情开始变得壁垒分明。一方面，我们爱上某人，却不一定对其有性冲动；另一方面，我们与某人发生关系，然而对其并无爱意。简言之，无论是性欲还是爱情，都在面临重构，人们试图推翻一切社会固有模式，其中就包括当下推崇的性行为和对身体的消费。

第二部分

欲望的调控

1

亚里士多德与伊壁鸠鲁节制的智慧

感恩充满幸福的自然,
它使必要之事变得容易,
为难之事再无必要。

——伊壁鸠鲁(公元前4世纪)

不满、攀比、妒忌、上瘾……在前面的章节中，我们从大脑功能和柏拉图的欲望—缺憾理论说起，逐一分析了欲望可能造成的困境和陷阱。简言之，无论是受纹状体驱使，还是因缺憾而生，这些欲望在为人们带来快乐的同时，也会引发沮丧、厌倦、抑郁、不幸等负面情绪，有时甚至会在人际关系方面带来严重问题，比如毁灭一切的激情、致命的贪婪与嫉妒、充满仇恨的猜忌等。面对惨痛教训，无论是各大宗教，还是古希腊和印度的哲学家们，都在想方设法调整、限制欲望，试图将其纳入可控范围。不同流派一致认为，哲学是灵魂的良药，建议通过或严或宽的禁欲方式达到治愈灵魂的目的。不过，在这一共识的基础上，各方意见开始出现分歧，有时甚至针锋相对。如何看待各大流派的主张？我将它们分为两类。一类主张从理性出发节制欲望，但并不否认欲望的作用及其带来的快乐；一类将所有问题归咎于欲望，希望将其彻底消灭或是通过对精神和身体的严格管束，促使其发生一百八十度的转变。显然，后者比前者更为极端，其观点多见于佛教和斯多葛主义。在对其进行分析之前，让我们先将目光投向第一类主张，共同了解两位代表人物的道德思想，他们就是亚里士多德和伊壁鸠鲁。

亚里士多德与幸福生活

亚里士多德生于马其顿城市斯塔基拉,少时前往雅典,跟随柏拉图在学院就读长达20年。随后,他应马其顿国王腓力二世之召,成为国王之子、未来的亚历山大大帝的老师。公元前335年,他回到雅典,在年届49岁时创立了自己的哲学学院——吕克昂学院。亚里士多德博学多才,对生物、物理、数学、诗歌、修辞、天文、玄学等无不兴味盎然,不过这些学科中,最有影响、最为流行的还是他的伦理哲学。在欲望问题上,亚里士多德与柏拉图产生了分歧,首先他并不认可欲望源于缺憾的观点。在其著作《论灵魂》中,他将欲望视为人类唯一的动力。"没有欲望,智慧就会停滞不前",但"抛开理性,欲望却能信马由缰",因此"人生只有一个动力源,就是产生欲望的能力"[1]。综上所述,我们可以看出,亚里士多德从未将欲望视为麻烦。在《形而上学》一书中,他开门见山地指出"人类生来就渴望认识世界",因为欲望的存在,哲学才能应运而生。欲望是我们生存的动力,在精神方面亦是

---

[1] 45. Aristote, *De l'âme*, II, 3 et III, 10, *op. cit.* (亚里士多德著,《论灵魂》,第二卷第3章;第三卷第10章)。

如此。可以说，亚里士多德是第一位对此做出明确说明的哲学家。与其他精神力量相比，灵魂中的欲求部分（希腊语为to orektikon）不可或缺，但这并不意味着它能随心所欲，要想锁定最终目标，还需感受、想象、思考等元素的参与[1]。换言之，人类的欲望（希腊语为orexis）总是与思想、图像、感受息息相关的，得益于这些元素，我们才能向着目标不断进发。有时候，如果欲望的产生源于不同元素，它们之间就会产生矛盾[2]。比如在视觉和想象的双重作用下，我想与一位美女共度良宵，但我的思想却会给出相反的意见。亚里士多德对纵欲（希腊语为akratès）的定义是，表面希望（希腊语为boulesthai）得到一样东西，但内心的欲望（希腊语为epithumein）却指向其他事物，甚至与自身希冀截然相反。在他看来，道德以幸福为终极目标，其在很大程度上取决于人们处理内心冲突的能力，而这些冲突多因欲望与希冀的矛盾而生。对孩子而言，应对上述问题比较困难，因为他们大多凭本能行事，但对成人来说就容易许多，因为理性总能占据上风，人们会将理性认定的善（希腊语为agathon）注入灵魂，对

---

[1] Voir sur cette question complexe l'excellent article de Laetitia Monteils-Laeng, « Aristote et l'invention du désir », in *Archives de philosophie*, no 76, 2013.（这一问题十分复杂，可参阅利蒂希娅·蒙泰伊-伦格的精彩文章《亚里士多德与欲望的发明》，《哲学档案》第76期）。

[2] Aristote, *De l'âme*, III, 9, *op. cit.*（亚里士多德著，《论灵魂》，第三卷，第9章）。

欲望加以引导。这就是亚里士多德所说的"愿望"(希腊语为 boulèsis),它能够改变人与欲望的关系,帮助我们调节、约束、区分或是放弃感性的欲望(如一时冲动、感情用事等)。在愿望的指引下,我们可以为价值排序,去追求心中的至高理想,我们还能制定长远规划,为人生勾勒未来。同样在愿望的推动下,我们每年年初都会为自己确定"优秀的方案"。这种源于理性、发乎灵魂的欲望,正是人生道德的动力所在。得益于它的有力支撑,我们找到了实现人生目标的最好方法和最佳路径。在《尼各马可伦理学》(Éthique à Nicomaque) 的开篇,亚里士多德这样写道:"幸福是我们追求的唯一目标,除此之外,我们别无他求。"[1] 亚里士多德认为,没有快乐,幸福的人生亦无从谈起。这一观点与我们接下来将要提及的伊壁鸠鲁不谋而合。快乐是幸福的基础,我们的所有欲望都是在寻求能够带来快乐的满足。快乐也分三六九等,在亚里士多德看来,心灵的快乐源于爱情与友谊,精神的快乐根植于知识与思考,后者尤其具有神性。他认为,这两种快乐比身体的快乐(性爱、进食)更加优越,因为它们的动物性最不明显,却蕴含着最

---

[1] Aristote, *Éthique à Nicomaque*, I, 5, trad. J. Tricot, Vrin, 1979.(亚里士多德著,《尼各马可伦理学》,第一卷第5章)。

为独特的人类属性。在《尼各马可伦理学》结尾，亚里士多德总结道："人类的特性，就在于精神生活，因为精神构成了人的本质。毫无疑问，这样的生活极其幸福。"[1] 在亚里士多德所说的"愿望"的引导下，我们不断调整方向，让欲望变得更加人性、更为高雅。5岁时，我们的人生目标是果酱和巧克力；15岁时，我们追求性和社会认可；到了更加成熟的年纪，友谊和精神生活就应该在欲望中占据主体地位。毕竟，一个成年人不能仅仅满足于感官刺激和社会生活带来的快乐。与此同时，快乐总是转瞬即逝，需要不断补充养分，而且在道德层面难以定义（刽子手以折磨受刑对象为乐），因此亚里士多德告诫我们，不能将其视为人生的唯一指引。我们还需对快乐有清醒的认知和合理的规划，在生活中修养德行，这便是人生的幸福之源。为了衡量德行，亚里士多德创造了"中道"这一概念，它介于两个极端之间，无论哪个极端都存在严重问题。比如，勇气是怯懦和鲁莽的中道，节制是暴食和苦行的中道，慷慨是悭吝和挥霍的中道，等等。以中道为基础，人们还形成了一套关于节制的道德规范，即凡事过犹不及，

---

[1]　*Ibid.*, X, 7.（亚里士多德著，《尼各马可伦理学》，第十卷第7章）。

想要合理规划生活，促使人生向好，就必须避免极端思维。一些与亚里士多德同时代的希腊哲学家，如柏拉图之侄斯彪西波（Speusippe）提倡禁欲主义、主张摒弃快乐，这种想法尤不可取。亚里士多德进一步指出，人们需要通过实践来发展和捍卫道德。他举例说，成为铁匠，必须懂得打铁；成为高尚者，必须对道德律令身体力行。具体而言，孤勇者行勇敢之事，正直者行公正之举，节欲者行节制之事，谦卑者行恭敬之举，等等。每一次微不足道的行动，都能帮助我们变得更加强大，它会促使我们养成习惯，在灵魂深处留下印记，从而将道德法则根植于人心之中。为了达到目的，我们必须依靠理性的力量，汲取实践的智慧（希腊语为 phronêsis）。唯有如此，我们才能明辨是非，自觉成为一个高尚的人。最终，我们将收获幸福，以公正的态度对待万事万物。正如我在前文所说，大多数人会陷入彼此矛盾的欲望左右为难，但高尚之人绝对无此烦恼，因为他们的欲望都会遵从理性判断，做出正确选择。在亚里士多德看来，没有理性，就没有幸福的人生，也没有道德的生活。同时他也认为，欲望同样不可或缺，正是它调动了我们的理性，激发了我们的意志，让我们得以凝聚力量，向着更好的未来出发。

伊壁鸠鲁：节制的力量

数十年后的公元前306年，另一位哲学家伊壁鸠鲁在雅典建造了一所名为"花园"的新学院，当时他只有35岁。在形而上学方面，伊壁鸠鲁与亚里士多德可谓针锋相对：他既不相信神谕，也对灵魂永生不屑一顾，而是继承了德谟克利特的唯物主义观点，认为世界由不可再分的微粒构成。但在伦理学方面，他同样以追求幸福为目标，并将研究建立在快乐与节制的基础之上，其中许多观点与亚里士多德不谋而合。

伊壁鸠鲁的研究始于最实用的问题——"关于欲望，我们不妨反躬自问：如果得偿所愿，我将得到什么好处？如果事与愿违，我又会遭受什么损失？"[1]本着治病救弊的目的，伊壁鸠鲁将欲望分为三类。首先是自然且必要的欲望，我们可以将其等同于日常需求，比如进食、饮水、穿衣、住房等；其次是自然却非必要的欲望，比如享受美食、身着华服、安居广厦等；最后是既非自然也不必要的欲望，我们也可称之为多余的需求，如奢侈品、荣誉、权

---

[1] Épicure, *Sentences vaticanes*, 71. （伊壁鸠鲁著，《梵蒂冈格言集》，第71节）。

力、名声等。伊壁鸠鲁认为，只要满足自然且必要的欲望，人类就能收获快乐。自然却非必要的欲望可以追求，但一定要保持超脱的心态。至于那些既非自然也不必要的欲望，最好敬而远之，尤其是荣誉与财富，两者不仅难以得手，还会让人们陷入焦虑与沮丧无法自拔。有鉴于此，伊壁鸠鲁不无兴奋地表示："感恩充满幸福的自然，它使必要之事变得容易，为难之事再无必要！"[1]

许久以来，人们对伊壁鸠鲁及其伦理学存在着根深蒂固的偏见。不少人认为，他的理论建构在感官享受的基础上，追求的是源源不断且极尽强烈的刺激。这种误解甚至在伊壁鸠鲁在世时就已存在。事实上，这完全是对手抹黑的伎俩，他们试图将伊壁鸠鲁的"花园"描述为一个放荡污秽的场所，但上述指控纯属子虚乌有！伊壁鸠鲁喜欢待在学院内，与三五好友及弟子一边享用简单却惬意的晚餐，一边探讨哲学问题。归根结底，他追求的是品质而非数量，他看重友谊的真挚、餐饮的精致以及生活的质量，他主张追寻快乐，但这种快乐必须简单易感，有着丰富的内涵。

---

[1] Épicure, « Fragment 469 », in H. Usener, *Epicurea*, Leipzig, Teubner, 1887. （伊壁鸠鲁著，《片段469》，收录于H. 乌泽纳编辑的《伊壁鸠鲁文献集》）。

在伊壁鸠鲁看来，评判欲望的终极标准在于它的功用，即能否带来好处（快乐）以及至高无上的福气，也就是我们所说的幸福。这是一种更为深厚和持久的快乐，它与因理智而生的快乐截然不同。伊壁鸠鲁这样解释："快乐是幸福生活的原则和终点。为此，我们不能将所有快乐照单全收。如果一些快乐会招致不良后果，我们就该果断地放弃它们。"[1]继亚里士多德之后，他也提到了实践的智慧，认为它能帮助我们分辨哪些欲望有益身心，哪些欲望不值一提。得益于这种智慧，我们有时可以忍受暂时的痛楚，比如接受痛苦的治疗，只为将来能够获得持久的快乐（健康），而不是为了追求片刻的欢愉如暴饮暴食，陷入持久的痛苦（生病）。可以说，拥有了实践的智慧，我们就能对各种欲望加以鉴别，从而抑制甚至摒弃某些不良欲望。虽然伊壁鸠鲁专注于追求快乐和幸福，但其思想的核心是分辨与节制。理智始终掌控着欲望，正如伊壁鸠鲁在罗马时期的信徒卢克莱修（Lucrèce）所说："真正且纯净的快乐，从来都是被理智的灵魂主导，而不是被那些迷失的可怜人左右。"[2]

---

[1] Épicure, *Lettre à Ménécée*, 129.（伊壁鸠鲁著，《致美诺西斯的信》，第129节）。

[2] Épicure, *De la nature*, IV, v. 1073–1076.（伊壁鸠鲁著，《论自然》，第四卷第5章，第1073–1076页）。

2

斯多葛主义与佛教：从欲望中获得解脱

世事皆有缺憾而人心不足，
所以人们才会沦为欲望的奴隶。

——佛陀（Le Bouddha）（公元前4世纪）

在古时候，所有宗教和知识流派都对欲望及其管控忧心忡忡，但并不是所有人都赞同亚里士多德和伊壁鸠鲁的观点。这两位哲学家强调理性的力量，认为它可以帮助人们辨别和节制欲望，并将寻求快乐和幸福的目标合二为一。相较之下，其他流派更为极端，他们坚信欲望本身就是问题，尤其是东西方的两大主流派别——佛教和斯多葛主义，对待欲望的态度格外严苛。

斯多葛主义：消灭欲望

公元前3世纪初，芝诺（Zénon）在雅典创立了斯多葛学派。由于他常在集会广场的门廊（希腊语为stoa）下为人授道解惑，所以就以此为学派命名。芝诺出身于塞浦路斯商人家庭，他不愿效法柏拉图和亚里士多德的精英做派，立志让哲学走入寻常百姓家。因为不是希腊人，芝诺受到雅典知识精英的轻视，但他却平等对待每一个人。无论是希腊人还是外国人，无论是知识分子还是目不识丁者，无论是男人还是女人，无论是市民还是奴隶，他都愿意与之交谈。他创立的学派影响后世长达千年，并在未来的基督教和文艺复兴哲学中烙下深深的印记。斯多葛学派认为，宇宙是一个完美有序的整体（希腊语为cosmos），维持其运行的是一套神圣的普适原则（希腊语为logos）。此外，万事万物都存在因果联系，所有命运皆由此注定。斯多葛学派坚信，世界的本源是善，虽然人们毫无知觉，但一切运动都在导向一个好的结果。从这些本体论学说中，我们可以更好地了解斯多葛主义的伦理学，它让我们接受事物的本来面貌，认清人力无法改变事态发展的现实。曾在罗马为奴、后成为斯多葛派哲学家的爱比克泰德（Épictère）曾说："不要奢望一切皆如所愿，接受正在发生的事情，你就会变得幸福。"[1]斯多葛学派的伦理学主要有两个目标：一为独立自主（希腊语为autarkeia），即获得内心的自由；一为灵魂安稳（希腊语为ataraxia），即拥有内心的平静。在斯多葛学派看来，欲望正是达成上述目标的主要障碍，它会伤及灵魂，令其屈服（因激情而一时冲动）。因此，人们不能听取亚里士多德和伊壁鸠鲁的一面之词，仅仅通过理智控制欲望，而是应该将其彻底消灭。欲望如同疾病，治病务求根治。斯多葛学派的理想状态就是古井无波、无欲无求，最终获得内心的平静，不为外界纷扰所动。按照这一思路推导，我们不能再说内心渴求，因为这样会让人想入非非，我们要将其称为深思熟虑的意

---

[1] Épictète, *Manuel*.（爱比克泰德著，《手册》）。

愿，就像亚里士多德所说的"愿望"。同时，也休要再提渴望世界，或是意欲吃饭、做爱、学习、自我提高等，而是要将上述意愿视为一种需要。我们越是贪得无厌，就越会陷入冲动和欲望带来的混乱，即使动用理智也很难控制。如果任由欲望做主，我们永远都不可能获得深沉且持久的幸福和内心真正的宁静。但是，只要用理智的愿望取代欲望，我们就能成为自己的主人，始终保持内心的平和。从内心世界到外部环境，再不会有任何事情对我们造成困扰。这种从欲望到愿望的过渡，意味着一种哲学观念的转变，需要付出极其艰苦的代价。无论是感官还是精神上的欲望，都必须统统消除，取而代之的是理性的意愿。公元初，爱比克泰德在《谈话集》(Entretiens)中写道："我们之所以获得自由，不是因为满足了欲望，而是因为摧毁了欲望。"[1]这一理念对人们的生活提出了极其严苛的要求，在接下来的章节里，我们将看到它是如何在几个世纪的时间里深度影响基督教的发展的。与此同时，它与另外一家哲学流派的观点不谋而合，即来自印度的佛教。

1　Épictète, *Entretiens*, IV, 1.（爱比克泰德著，《谈话集》，第四章第1节）。

佛教与禁欲

悉达多·乔达摩 (Siddhârta Gautama) 生于公元前6世纪的印度北部，与古希腊哲学家、数学家毕达哥拉斯为同时代人，其信徒尊称他为佛陀，意为"觉悟者"。少年时他曾娶妻，尽享身为王子的荣华富贵。随后，他抛弃一切，遁入林间修行。为了寻求摆脱因果报应、生死轮回的方法，他苦修十余年，希望消除一切业障。然而事与愿违，他始终未能实现上述目标，于是开始静思冥想。这一次他成功"觉悟"，达到自由境界，后将这种方法传授给他的第一批弟子。佛陀自认为是一位灵魂医者，他与希腊众多哲学流派一样，将自己的精神旅程作为治疗之法广为传播，期待帮助人们摆脱世间苦难。在贝拿勒斯 (Bénarès) 那场著名的讲经活动中，他以自身经历为例，告诫信徒避免两个极端：一是完全沉迷于感官享受，一是彻底杜绝感官享受。与亚里士多德类似，佛陀也提出"中道"的概念，并向世人揭示了四大真理，这"四谛"构成了佛教教义的重要根基。

一为"苦" (dukkha)，这个梵文词语很难翻译，因为它兼具痛苦、不满、煎熬、冲突等多重含义。就"痛苦"而言，其范围之广，可分为三个维度：身心受困之苦（疾病、内心冲突、不满、焦虑、情绪烦躁等）；遭逢巨变之苦（出生、老去、死亡、离别等）；五蕴 (skandhas) 被缚之苦（"蕴"在佛教中意为积聚或和合，五蕴分别为色、受、想、行、识）。佛陀指出，从出生到死亡，人的一生都充满苦难，而且这种苦难还会通过轮回（在西方我们称之为"化身"）延续下去，周而复始，生生不息。"四谛"之二为"集" (samudaya)，它道出了人生之苦的根源，即欲望、渴爱 (tanha) 从中作祟。我们可以将其概括为三个方面：一为贪恋灵肉之欲；二为陷入生死轮回；三为逃避现实痛苦。如佛陀所说："世事皆有缺憾而人心不足，所以人们才会沦为欲望的奴隶。"[1] 他进一步指出，正是欲望与无知滋生了"三大恶源"：贪欲、嗔恨、愚痴。"四谛"之三为"灭" (nirodha)，即消除欲望。唯有如此，人们方能涅槃重生，终止一切痛苦，获得最终解脱。"四谛"之四为"道" (magga)，佛陀为人们指明了结束苦难、通往涅槃的道路，这就是"八正道"：正见、正思维、正语、正业、正命、正精进、正念、正定。佛陀向他的信徒保证，只要严格遵守这些消除欲望的戒律，就能早日实现解脱和涅槃。佛教的苦修与斯多葛学派的禁欲如此相似，不禁令人忧心忡忡。为了摆脱欲望的束缚，他们有时连方法都是大同小异，但如果我们

---

[1] Walpola Rahula, *L'Enseignement du Bouddha*, Seuil, « Points Sagesse », 2014.（瓦尔波拉·拉胡拉著,《佛陀的教诲》,《智慧要点》）。

详加观察，就会发现细微的不同。斯多葛学派要消灭的是欲望本身，而佛教则细致到根除与欲望相关的一切渴求。然而我们真正需要清除的，既不是欲望，也不是它的附属品。举例而言，我想保持身体健康，这样的愿望再正常不过；但如果我执迷于此，当疾病来袭，我就会陷入不幸。再比如，我们期待精神境界不断提升，最终实现涅槃，这样的追求正当合理；但如果天天纠结，我们就会因进步缓慢无法一步登天而苦恼不已。我们需要放松心态、摒弃贪欲、降低预期，以正确的方式对待欲望。须知，无论是欲望还是其附属品，本身都没有问题。佛教的所有戒律旨在实现一个目标，即对众生、对世界、对生命"无欲无求"，但这与超脱毫无关系，只会导致对一切充满冷漠。在我看来，佛陀思想的精神内核，应该是去除人们对欲望的依赖，以便进入自由状态，实现内心平静。不过此举并不妨碍我们善待他人、热爱生命，只是让我们在品味爱之甘美的同时，接受它一朝消失或是被人收回的可能，因为在佛教教义中，一切事物都不会永恒持久。比如在一段恋爱关系中，我们须戒除嫉妒心与占有欲，因为爱人从不是我们的附属，他们有朝一日可能离开或是逝去，我们只需对此了然，却也不必庸人自扰。这正是对命运的深度接纳，正如尼采所说，爱你的命运。说到此处，我们不禁想起斯多葛学派，他们主张追求现实的愿望，而非满足虚幻的欲望。然而这种理论殊难实现，因为它要求人们对事物有着完全准确的理解，每时每刻都能精准掌控自己的意图、想法、话语，分毫不差地控制内心情感。至于佛教，为了做到无欲无求，人们通常选择出家修行，这样就可以全身心地参禅修炼、严守戒律。当人们没有家累时，才能真正做到心无挂碍、超然物外！

3

宗教法令

不可觊觎……属于同类的任何东西。

——《圣经》第十条诫命

〔《申命记》(*Deutéronome*),第五章,第20—21节〕

为了应对欲望带来的混乱及其可能造成的暴力冲突，几大宗教派别纷纷颁布法令，规范信徒的所作所为。与我们的想象不同，宗教话语中不乏理性，但必须服从于信仰。对神谕的信仰构成了几大宗教的根基，在此前提下，才有了后来的宗教法令。所有的清规戒律都是为了规范教徒的日常行为，而理性不过被用来佐证法令的必要性，同时对教义加以解读、诠释。众所周知，宗教法令由上帝亲书，代表着神的意志，得到了神的启示，因此理性绝不会对此质疑。下面，我们就以三大一神论宗教为例做出说明。

犹太教

作为犹太教律法，《圣经·旧约》前五卷由上帝借摩西之口向信徒颁布。律法共有613条戒令，其中最著名的莫过于十句训诫（基督教将其称为《十诫》）。据说上帝将其刻于石板之上，于西奈山传授给摩西。在这里，我们可以对十诫做一简要回顾。第一诫，上帝是唯一的神，不可对其他神顶礼膜拜；第二诫，不可为其他生物造像，将其作为崇拜的对象；第三诫，不可妄称上帝之名；第四诫，牢记每周的第七日为安息日，这一天不得做工；第五诫，当孝敬父母；第六诫，不可杀人；第七诫，不可奸淫；第八诫，不可偷盗；第九诫，不可作假证陷害他人；第十诫，不可贪恋他人之物（原文为"不可觊觎他人的妻子、房屋、田产、仆婢、牛驴，总之属于同类的任何东西"[1]）。

如果说第一诫旨在约束信徒对上帝的崇拜，那么其他戒律则是通过一系列禁令规范人与人的关系，比如谋杀、通奸、偷盗、谎言、贪婪等，特别是对欲望的管控在宗教法令中居于核心地位。这一次，人们不再像希腊哲学提倡的那样，借助理性的力量压制欲望，而是通过宗教法令来达到目的。在这一外部标准的约束下，信徒们对情感与欲望加以控制，其中发挥关键作用的是两种强烈的情绪：爱与恐惧。热爱上帝，希望忠实地履行他所有的命令；畏惧上帝，担心受到他的惩罚。除此之外，社会作用也不可小觑：即使信徒对宗教活动缺乏热情，他们也会忌惮周围的目光，唯恐因为违反禁令遭到排挤。从这个角度来说，宗教法令发挥着双重作用：一是约束欲望，防止社会暴力；一是增进社会和谐，让人际关系更为紧密。

---

[1]　*Deutéronome*, 5, 6-21.（《申命记》，第五章第6-21节）。

基督教

虽然曾经身为犹太教徒，但耶稣始终对摩西传授的律法保持距离，并将爱的重要性置于宗教法令之上（在稍后涉及宗教的章节中，我还将详加说明），不过他的信徒倒是情愿恪守教会的清规戒律。教会以《圣经》为基础，衍生出一系列宗教律令，其影响力在中世纪得到大幅提升。正是在这种情况下，著名的七宗罪应运而生，即傲慢、贪婪、嫉妒、暴怒、淫荡、懒惰和暴食，据说犯罪者死后会堕入地狱。事实上，这些原罪很大程度上都与欲望的失控相关。人们在大脑纹状体的作用下，竭尽全力满足自己的原始欲望。比如，暴食源自觅食的本能，淫荡代表对性的追求，傲慢和嫉妒与社会地位的失衡密不可分，懒惰是因为想用最少的努力换得最大的成就。有鉴于此，神经学家塞巴斯蒂安·博勒尔感叹道："中世纪基督教徒的大部分功课，就是用自己的意志与原始本能对抗。"[1]基督教通常以两种方式管控欲望。第一种是教会出台法令，利用人们对惩罚的恐惧约束行为。信徒们必须竭尽全力同诱惑做斗争，也就

---

[1] Sébastien Bohler, *Le Bug humain, op. cit.* （塞巴斯蒂安·博勒尔著，《人类的故障》）。

是同内心的冲动和非法的欲望抗争，如婚外性行为、贪食、嫉妒、支配他人等，他们之所以能够占据上风，依靠的正是神的力量。如果说第一种方式承自斯多葛学派，主要考验个人的意志力，那么第二种方式则更接近亚里士多德和伊壁鸠鲁的学说，它运用理性压制内心阴暗的欲望。一般来说，基督教的修行主要介于以上两种方式之间，它们都不约而同地借鉴了古代哲学思想。对于绝大多数神父来说，他们的做法是灭绝人欲，将自身意志同上帝意志等同起来，从此一心向道、不做他想。人们还发明了诸多苦修之法，比如身体折磨，以便消除肉体的冲动；或是自愿承受外界羞辱，以便克服傲慢的心态。不过也有一些神职人员更注重理性，他们会运用聪明才智，从自然和信仰的启迪中汲取力量。在艰苦的修炼中，信仰与理性就这样相互交融，助推人们抵达道德与神圣的境界。

伊斯兰教

至此，我们来到第三个一神论宗教——伊斯兰教，这一教派同样将宗教法令置于核心地位。公元6世纪，穆罕默德在阿拉伯半岛创立了伊斯兰教。伊斯兰教与犹太教、基督教系属同源，并将穆罕默德视为最后一位先知。这一漫长的谱系以亚拉伯罕为起始，他也被称为"众人之父"。伊斯兰教中的真主名为安拉，穆罕默德为信徒定下五大基础教规，又名"伊斯兰教五大支柱"：一为只信奉真主，二为赴麦加朝拜，三为每日礼拜五次，四为每年斋月禁食，五为向贫穷者施以援手。除了第一条关乎信仰外，其余几条都旨在约束欲望。比如朝拜和斋戒，就是要在特定时间内节制欲求，以便人们更好地掌控身体；礼拜是为了在真主面前保持谦卑，施舍财物则让人们懂得分享与公平，两者的最终目的都是消解人心中的控制欲与贪欲。除了上述教规，伊斯兰教还在《古兰经》和圣训的基础上制定了众多限制欲望与增进团结的宗教律法，特别是对婚外性行为和通奸等施以重刑。

宗教法规的功用与局限

作为一种来自外部（上帝或是超凡力量）的行为规范，宗教法规只能通过设限或是禁止等方式约束欲望。事实上，我们的民法在很大程度上借鉴了宗教法令：在绝大部分国家，谋杀、偷盗、乱伦、强奸等都会受到法律制裁。人类的欲望永无餍足，民法的制定就是为了对此加以限制，唯有如此才能保证公共生活平稳有序，暴力事件不断减少，特别是暴力与人类的贪婪和控制欲息息相关。不过，民法毕竟要脱离宗教法规，确保不同宗教信仰的人们和平共处。这也曾是欧洲现代政治诞生时面临的巨大挑战。启蒙运动时代的哲学家们对道德和法律的建设忧心忡忡。他们认为，宗教导致分裂，如果道德和法律不再以此为基础，就应做到政教分离，让理性占据主导，这也是全人类普遍认可的价值。从17世纪的斯宾诺莎、霍布斯、洛克，到18世纪的伏尔泰、卢梭，特别是康德，都曾有过类似的建议。

虽然宗教可以缓解傲慢、控制、贪婪等引发的暴力行为，但宗教中的很大一部分也是其他冲突的始作俑者。有的教派自称掌握唯一真理，将信仰与标准强加于人，这种排除异己的态度严重限制了宗教的作用。正因如此，欧洲痛定思痛，决定成立一个政教分离的政治组织。此外，宗教还有另一个局限，即过于关注性欲。在爱情、婚姻和性欲问题上，各大宗教都出台了一整套清规戒律。虽然有些规定天差地别，但它们的目标却十分相似，即提醒人们性欲的最初功用——在异性婚姻中繁衍后代。这种规定几乎受到同性恋和婚外性行为群体的一致谴责，特别是在现代社会，随着道德观的演变，它也愈发显得不合时宜。如今，不少信徒公然将教规抛诸脑后，还有一部分人装作恪守清规，只为不被教派扫地出门。

那么，我们能否就此推断宗教法令毫无用途、令人反感呢？弗洛伊德坚信，掌控欲望和冲动是文明的象征，在此方面，宗教可以有所作为，特别是在禁止乱伦等方面。他还指出，道德规范（通常受到宗教启发）对于心理健康十分必要。不过，如果道德标准过于严苛，导致人们处处受限、畏首畏尾，难免会对精神造成伤害，这也是神经官能症的主要诱因。是向欲望低头，还是封心锁爱？弗洛伊德的选择是跳出陷阱，让欲望得到升华，换言之就是重视欲望，提高其觉悟，超越其本质，这样我们的德行才能赢得他人尊重。随着时代的发展，我们愈发感受到亚里士多德和伊壁鸠鲁的智慧，他们主张用理性掌控欲望，从而获得个人幸福、实现社会进步，这一学说令人佩服。正因如此，越来越多的现代人开始摆脱宗教束缚，向古老的哲学寻求帮助，或是在一些传统的宗教修习中汲取能量，比如斋戒、分享、朝拜等。不过这些举动并不具有宗教意义，只是为了控制欲望，追求一种朴素而幸福的人生。

4

追求朴素的幸福

节制是幸福的要素，

它意味着解脱。

得陇望蜀，

何日方能满足？

——皮埃尔·拉比（Pierre Rabhi）（20世纪）

曾几何时，"索求无度"的生活方式大行其道，这种行为源于大脑纹状体的驱使，也是消费社会不断刺激的结果。如今，越来越多的人，特别是青年群体，试图从中抽身而出，尽管这部分人仍是少数，但已然形成一定趋势。有人在严苛的宗教修行中寻求解脱（这些人已经重新皈依宗教），更多的人则是通过世俗方式限制和管控欲望，比如追求简朴的生活，致力于减压和分享，或是以更好的方式主导自己的身体和精神。

掌控身心的现代尝试

前文我曾经提到，人的原始本能就是食物和性。同时我们也注意到，年轻人的性生活越来越少。当然，这其中有一些不得已的原因，比如缺乏自信、离群索居、社会和宗教的清规戒律，以及家庭条件特殊等。但是15~24岁年龄段的青年普遍禁欲，却并不能归咎于上述因素。他们中的绝大多数生活一切正常，常年在社交网络冲浪，对各类约会软件的使用驾轻就熟。正如我此前引用的《世界报》的调查结果[1]，

---

1 Voir première partie, chapitre 7. （参见第一部分，第7章）。

他们的禁欲是有意为之的。在美国，一些年轻的基督教徒重提教规，自愿保持婚前贞洁。这里需要提醒各位的是，几乎所有宗教都对婚外性行为给予谴责，有时甚至会为夫妇规定禁欲期，特别是在女性月经期间，这样做可以坚定人们的意志，与性冲动进行对抗。宗教因素在美国余威尚存，但对于世俗的欧洲，其影响力却是微乎其微。

继弗洛伊德之后，心理分析学家普遍认为禁忌的终结反而降低了人们的性欲，只有存在足够的幻想空间，性欲才能蓬勃生长。一些社会学家也提到了虚拟世界的影响。随着社交媒体的兴起，隔空交流变得日益频繁，一些青少年由此对身体接触充满恐惧，而新冠疫情的暴发显然加剧了这一趋势。我记得曾有一部电影完美诠释了数码产品和互联网自诞生之日起对生活产生的影响，这就是哈尔·萨文（Hal Salwen）执导的《丹妮斯打电话》（*Denise au téléphone*）（1995年）。电影向我们展示了一群纽约年轻人的生活，他们只用电话、传真和电脑交流，从晨起洗漱到夜间就寝，日日如此。他们想念着心仪之人，却从未在现实中与其相见！可以说，影片成功地预见了今天年轻人的生活，他们整日挂在网上，对现实接触充满恐惧，唯有虚拟世界产生的距离才能让他们安心。以上分析各有道理，但当我们向当事人提出问题时，他们却给出了不同的答案。正如我们之前提到的，青年的理由主要集中在两大方面：一是拒绝为性行为设定标准，二是不愿成为身体消费的对象。他们希望留出足够时间经营一段恋情，试图了解对方的所思所想，让欲望在感情的培养中不断升温。在此过程中，他们自动重温祖辈的婚恋过程，从了解和发现对方开始，这也是由过去的习俗决定的。特别是订婚制度，人们之所以有此安排，就是为了防止青年男女在婚前发生关系。避免草率的一夜情，反而有利于欲望的提升。这里所说的欲望，并不仅是生理反应，而是更为广义的欲望，它包含着流动的情感、复杂的心绪、彼此的温存。欲望还能帮助人们克服恐惧，我们不再担心被人审视、受人强迫，也不再畏惧承担责任。在细水长流的相处中，恋人之间会形成相互信任的氛围，这对于性关系的和谐至关重要。

可以说，时间滋养欲望，这一理念不仅限于两性关系，而且适用于所有领域。8年来，我在全国各地的小学开设了多个哲学课堂，研究课题之一便是幸福，参与者由一到二年级的学生(6~7岁)组成。讨论中，一个孩子举例说，同样是在商店选购玩具，看中之后立即买下和期盼许久后终于到手，两者的幸福感并不相同。其他学生纷纷补充："没错，如果我看中一件玩具，却不能立即拥有，那么在我得到的那一刻，我会感到双倍的快乐"；"期待的过程也很幸福，日后回想起来，只会更加珍惜"；等等。总之，虽然孩子们渴望马上拥有，但他们也承认，如果愿望延迟实现，幸福的感受反而更加强烈。

我们还发现人们在饮食上愈发精细。如果说以前的饮食大多一成不变，并且容易暴饮暴食，那么现在人们已经开始加以控制，这一点在成人身上尤为明显。为了帮助人们战胜饥饿的冲动，几乎所有宗教都设置了禁食日，比如犹太教的赎罪日、基督教的封斋期、穆斯林的斋月斋戒、印度教的各种斋日等。即使身在世俗，越来越多的西方人也发现了禁食的益处。在法国，诸如"野性思维"（La Pensée sauvage）等十余家机构会组织人们开展时间较长的禁食活动，有的是完全禁食，有的是戒断碳水（参与者可以喝水，有时可以补充水果或蔬菜汁）。从医学角度而言，规律性禁食的益处自古就已广为人知。古人还发现，禁食可使人神清气爽。正因如此，毕达哥拉斯和苏格拉底都将禁食付诸实践，并将此方推荐给自己的弟子。每年我都会留出一周时间节制饮食，所以在此方面还算有发言权。在戒断的头两天，人们必须同饥饿的冲动奋力抗争，甚至会感到头痛。随后，身体和精神开始变得轻盈，我们的头脑一片清明，灵感层出不穷。此外，人们通过禁食学会抑制冲动，从而收获内心的自由。在甘地看来，禁食是控制性欲的先决条件：如果我们连饥饿和口腹之欲都无法战胜，又谈何抵挡性欲的诱惑？此言道出了问题的关键：我们必须学会同大脑的初始本能对抗。

这些年来，我们也见证了另一种戒断，即远离海量信息，特别是网络世界。全球范围内，相关的救助机构层出不穷，他们的主要业务就是在一定时间内帮助那些整日挂在手机或是电脑上的年轻人戒除网瘾。在更大范围内，无论是传统媒体还是互联网用户，越来越多的人开始限制获取信息的时间，其中就包括鄙人。十余年来，我每天关注新闻的时长不超过20分钟，但这并不妨碍我聚焦特定主题，阅读一些深度文章，或是查阅相关文献。我还发现，如果人们总被淹没于信息的海洋，就会陷入焦虑、欲罢不能，在无谓的挣扎中虚度光阴。数十年间，瑜伽和冥想等来自东方的修习之法风靡世界，它教会人们吐故纳新，以便更好地掌控身体与精神，实现身心合一。

少赚钱，过更好的生活

在大脑初级功能的驱使下，我们会不断追求权力和社会认可，一旦拥有财富，上述愿望就会变得唾手可得。无论是过去还是现在，名和利都是大多数人的奋斗目标，这种动力如此强烈，足以对人生选择产生重要影响。不过随着时间的推移，事情也在发生变化，一种新的模式正在出现，即追求朴素而简单的生活。比起对物质的渴求，人们更加注重内心的呼唤，希望发现真正的自我。如今，越来越多的西方人，特别是年轻人，选择少赚钱或是放弃上位的机会，来换取更有品质的生活，并将时间留给他们认为最有价值的事情：家庭、友谊、艺术爱好、亲近自然与动物、旅行以及智力或精神方面的活动等。由此，新的口号应运而生：少赚钱，过更好的生活。在法国，人称生态农业之父的皮埃尔·拉比 (Pierre Rabhi) 正在成为众人的榜样。他在阿尔代什 (Ardèche) 省过着简朴的生活，他发表大量论著，频繁出席各类活动，只为倡导一种建立在"幸福的节制"基础上的生活方式。这种简单生活以适度和品质为目标，对于保护地球也发挥着积极的作用。皮埃尔·拉比于2020年去世，从某种程度上说，他就是生态界的伊壁鸠鲁。虽然生前存在争议，但他开创或启迪了诸多倡导社会新范式的运动，例如节制、分享、合作、保护生态系统等，其中拉比与西里尔·迪翁 (Cyril Dion) 创立的"蜂鸟运动" (Colibris) 就是以保护地球为主题的。无论形式如何，这些运动的根本目的都在于控制需求和欲望，让人们生活得更加从容，与他人和环境的关系更为和谐。这种人生哲学对个人和群体行为影响至深。比如有人不愿再举债购房，宁可省下时间云游四方。对我们的父辈和祖辈而言，他们的毕生梦想就是拥有一套房产，为此不惜签下长期契约还债，而现在的年轻人早已打破这一常规，他们不愿从事固定工作，只愿沉湎于个人爱好。即使这种生活方式需要依靠父母或是申领社会救济，但在他们眼中，自由远比安全感更加重要。

总之，财富、权势以及名望对年轻人的吸引力正在下降，他们希望体验充实的人生，追求更有深度、更有品质的欲望。这种心态如此普遍，甚至波及没有文凭的青年，他们不想再打零工或是做季节工赚钱，充当任人摆布的工具。然而他们的情况与拥有文凭的高才生有所不同，后者可以利用业余时间打工，然后将大把时间投入自己喜爱的事业，即使生活水准大幅降低，他们也在所不惜。法国新闻电台(France Info)的记者马尔戈·凯费莱克(Margaux Queffelec)对此颇感兴趣，并采访了国家人力资源协会副主席(Association nationale des DRH)伯努瓦·塞尔(Benoît Serre)。塞尔表示，这一现象毋庸置疑。如今，工作时间管理已经成为青年劳动者的核心关切。考官经常会在面试中听到这样的问题——"您是否允许我自行安排时间，我可以完成您交办的任务，但我不想私人生活受到影响"，这可是前所未有的新情况[1]。

塞尔指出，新冠疫情的暴发加剧了这一趋势。企业在招聘员工时，必须详细回答各种关于工作时间安排的问题，并保证这份工作意义重大，不仅是为了养家糊口。"无论如何，这一代青年都不会牺牲自己的生活质量、生活条件和人生自由。"从2021年夏天起，美国出现大规模的辞职潮，这与上述一系列问题不无关联。随着时间的推移，"大辞职"（Big Quit）已经开始波及美国经济各个领域，目前全国职位空缺高达1100万个，类似情况自千禧年初还从未出现。选择新的生活方式，意味着收入降低（赚得更少），由此引发的后果就是必须同他人进行分享，如住宅、通勤、办公、吃穿等。

减负与分享

年轻人追求更加简朴的生活，使得协作经济应运而生，如今已遍布衣食住行等各个领域。协作经济主要指个体之间对财物、服务、知识进行的分享与交换，其形式多

---

[1] Benoît Serre sur France Info.（伯努瓦·塞尔接受法国新闻电台采访）。

种多样，或是现金交易（出售、租赁、劳务），或是非现金交换（馈赠、物物交换、志愿服务）。协作经济通过在线平台得以实现，目前发展势头异常迅猛。法国参议院2017年的一份报告指出："协作经济，或称线上平台经济，绝不只是简单的跟风，而是一种重要的趋势。2016年，法国协作经济交易额280亿欧元，在一年间增长了1倍，预计到2025年，这一数字将达到5720亿欧元。"

人们四处寻找轻便而廉价的住所，即帐篷、改装卡车等"微型屋"（tiny house）。同时，共享住处的方式也在不断丰富：学生可以选择合租，成人大多入住公寓或是生态村，这里划有公共区域，并提供公共服务（洗衣、菜园、电暖等）。此外，还有一些人出于互助的目的共享住处。10年来，我一直资助一家名为"团结赌注"（Le Pari solidaire）的机构，其创始人为奥德·梅森（Aude Messean），他们会为生活窘迫的年轻人牵线搭桥，帮助后者以低廉的价格租住老年公寓；作为交换，这些青年会偶尔陪伴老人，或是为其提供服务。这是一项双赢的创举，有助于丰富代际情感交流。除了老少搭配，还有一些机构帮助健全人和残疾人士建立了联系。

回望我们这一代人的青春，当我们完成会考，第一个念头就是拥有一辆汽车！今天的年轻人早已不是这样。无论是出于经济考虑,还是为了保护环境,越来越多的年轻人选择公交或是拼车作为出行方式,尤其是拼车,还能帮助青年相互结识,拓展社交范围。除了交通,食品行业也在发生变化,如共享菜园、当地生产商与消费者直联等;在服装行业,旧衣买卖蓬勃发展,二手商品买卖平台Vinted的成功便是力证;就连职场也深受影响,人们期望联合办公的场所价格低廉、便于分享,年轻人则选择加入更为人性化的小型机构,如创业公司,他们厌恶等级森严,希望公司能够承担社会和环境责任。数年前,巴黎高等商学院的学生们曾经发出呼吁,希望在就职大型企业之前公司能够明确公示生产活动对环境的影响。最近,他们又向学校提出申请,希望改进教学内容,加强对生态问题的探讨。面对学生的巨大压力,校方同意从2023年新学期开始,在所有课程中加入环保内容,类似的情况也出现在英联邦国家。即使在商学院这样的专科学校,学生们也已不满足于掌握金融知识或是培养社会野心，而是更加重视学习的意义以及对环境的保护。

由此可见，人们的所作所为已不仅是约束初级欲望，而是对数十年来西方社会的主流观念发起挑战。人们试图重新定义欲望，为其注入新的内涵。曾经固有的社会范式遭到年轻一代的质疑。即使这一运动尚未普及，也依然有望在不久的将来颠覆我们的生活方式和经济模式。在人们的理想中，欲望应该发乎本心、重品质而轻数量，既能抑制原始冲动，也能在尊重他人和环境的前提下成就自我。由此我们可以推断，柏拉图的欲望—缺憾理论并非生存的唯一动力，世上还存在另一种欲望，它既不是缺憾的产物，也不受大脑初级功能控制，它追求的是不断成长、自我实现、坚守本心，旨在获得持久的快乐，而不是短暂的欢愉。接下来，就让我们追随斯宾诺莎、尼采、荣格、柏格森的脚步，一起学习欲望—力量的理论吧。

第三部分

尽情生活

1

斯宾诺莎与欲望的力量

人类的本质就是欲望。

——巴鲁赫·斯宾诺莎（17世纪）

我们曾在前文提到，亚里士多德与柏拉图在欲望问题上产生了分歧，他并不认可欲望源于缺憾的观点，而是将欲望视为人类前进的动力，不仅行动如此，思想亦是如此。这一颠覆性观点由亚里士多德最先提出，到了17世纪，斯宾诺莎接过他的衣钵，对此做出了更为详尽的阐释。

追求真理高于一切

斯宾诺莎的一生充满传奇色彩。他的祖先为躲避天主教会的迫害逃离葡萄牙。他从小居住在阿姆斯特丹，全家都是虔诚的犹太教徒。15岁时，他就已将希伯来语的《圣经》熟记于心，但与此同时，他也开始指出《圣经》的种种矛盾之处。在那个时代，他的理性与批判精神堪称惊世骇俗，于是在23岁时被逐出教门。"咒逐"是一种罕见的酷刑：年轻的斯宾诺莎从此再也无法回到犹太人居住区，终生为人诅咒，而且教会还禁止所有犹太人与其接触。他离家后不久即遭到暗杀，所幸最终逃过一劫。

如果说生命的获救得益于厚重的皮衣挡住刀锋，那么灵魂的救赎则要归功于哲学的启迪。在阿姆斯特丹，聚集着一群传播笛卡儿学说的自由主义新教徒和希腊哲学家，他们对斯宾诺莎的思想产生了深远的影响。后来，斯宾诺莎混迹于社会底层，以打磨镜片为生，他将所有的精力用于学习，并逐渐形成了自己的思想体系。他的学说主要分为三大部分：其一为政治哲学。作为启蒙运动的首位思想家，他主张政教分离，建立一个保障所有公民信仰和言论自由的法治国家……这番言论再次为他招来祸端，不过这一次，迫害他的变成了政界当权者。其二为形而上学。在他看来，无论是肉体还是精神，上帝就是一切事物的本质和根源，他与自然界已经融为一体。此言一出震惊四座，他也被指控为无神论者。其三为伦理学。斯宾诺莎彻底颠覆了古希腊以来的哲学思想，将欲望和生命力视为人类行为的核心，他由此成为人人喊打的放荡之徒。终其一生，斯宾诺莎都在坚持真理至上，并为此付出了沉重的代价。然而即便对其观点充满敌意，第一批为他书写传记的作家也记录下这样的评价：与斯宾诺莎相熟的人都证明，他是个充满快乐、注重他人感受的好人，他的所作所为与其言论完全一致。

快乐多一点，悲伤少一些

斯宾诺莎的伦理学建立在对"conatus"的研究之上。"conatus"源于拉丁语，指的是我们持之以恒、为实现自我成长而付出的"努力"。这种"努力"构成了人类生存的动力，它激励我们前进，赋予我们力量，因此斯宾诺莎像古代先贤一样，将其定义为"胃口"。他解释说，"欲望就是一种带有自我意识的胃口"，认为"人类的本质就是欲望"[1]。寥寥数语，哲学家就将"欲望"这一概念清晰地勾勒出来。既然欲望与人类本质息息相关，那么我们就不能遵照禁欲派的主张，试图抑制或消灭欲望。如果我们无欲无求，又何以为人？一个感受不到任何欲望的人，无异于活死人。归根结底，心中有所渴求，才能尽情享受人生。正因如此，斯宾诺莎对欲望不做任何道德评判。作为一位洞悉人性的智者，他同亚里士多德一样，将欲望置于人生的核心地位。对个人而言，欲望非好非坏，它是一股不断积蓄的力量，为我们注入活力，增强我们的行动力，让我们在快乐中持续成长。由此，我们也触及斯宾诺莎伦理学的另一个基本理论：快乐。他将"快乐"定义为"一个由小及大获得圆满的过程"，反之则是悲伤，即"一个由大及小希望破灭的过程"[2]。可以说，快乐和悲伤构成了人类的两种基本情感，它折射出生命力的增长与消减。当

---

[1] Baruch Spinoza, *Éthique*, III, « Définitions des affections », I, *op. cit.* (巴鲁赫·斯宾诺莎著，《伦理学》第三卷，"情感的定义"第1章)。

[2] *Ibid.*, III, 11, « Scolie ». (巴鲁赫·斯宾诺莎著，《伦理学》第三卷，11，附录)。

我们的生命力和行动力逐渐变弱时，悲伤在所难免；反之，我们就会收获快乐。斯宾诺莎伦理学的全部要义，就在于教会人们在快乐中成长，直至拥有恒久的喜悦。没有什么能够夺走心中的喜悦，这就是我们所说的"极乐"境界。

培植欲望并善加引导

为了在快乐中成长，我们必须精心培养欲望，毕竟它有助于生命力的增长。不过请注意，可不是什么方法都能管用！如果说欲望非好非坏，对我们的成长至关重要，那么它到底将我们引向何方——是悲伤还是快乐、是幸福或是不幸，就取决于我们所爱之人、所求之物的根本属性。如果我们追求的想法、事物、爱人乃至美食对自己大有裨益，与自身个性相得益彰，那么享受这一过程就会增强我们的生命力，赋予我们无限快乐。反之，如果欲望与我们的本心背道而驰，那么就算我们得偿所愿，也迟早会陷入悲伤，因为我们的行动力与生命力早已在无形中遭到削弱。

在这里，我用了"迟早"一词，是因为欲望的错配并不会立即显现，最初我们甚至会感到快乐，但随着时间的流逝，快乐就会变成悲伤。斯宾诺莎将这种"虚假的快乐"称为"消极的快乐"。与之相比，他认为真正而持久的快乐才是"积极的快乐"。消极的快乐只是一时激情，积极的快乐则是一种行动，能够帮助我们迅速成长，增强我们的生命力与行动力。爱情就是一个绝佳的范例。比如我对一人一见倾心，但事实上她与我个性不合，那么初时也许满心欢喜，一旦幻想破灭，就会化喜为悲，甚至因爱生恨——以上就是斯宾诺莎对我们的告诫。他还解释说，人们之所以有时甚至经常所爱非人，是因为想法出现了偏差，或者说遭到了想象力的愚弄。欲望总是伴随着想象，但后者亦有真假之别，也有适合与不适合之分。

　　几个世纪之后，弗洛伊德进一步为我们揭开真相。他说，人们通常会无意识地在配偶身上投射童年的未竟心愿，或是曾虐待过自己的亲人形象，然后如神经质一般在恋爱关系中重演当年的场景。这就是弗洛伊德关于爱情与幻想的理论。斯宾诺莎将爱情形容为"受外在因素影响而产生的快乐"，这种快乐往往建立在亦真亦假的想象之上，而非对心上人的真正了解。如果想象是真，人们就会收获积极的快乐，相爱之人情深意笃、各生欢喜，进而期待一生一世，相伴终身。如此美好的爱情，自会让我们的生命力和快乐成倍增长。反之，如果想象是假，那么快乐就会变得消极且不持久，因为我们将对方想象成理想的样子，在他身上投射了他本不具备的品质，与其说我们真正了解对方，不如说是在靠幻想维系感情。当双方相看两厌、失望透顶时，这种消极的快乐就会变为痛苦。一对怨侣不仅不能相携成长，还会彼此消耗，生命力也会随之减退。人们由此陷入悲伤、愤怒、冷漠、憎恶等情绪无法自拔。这就是典型的见色起意带来的恶果：当滤镜消失，感情就会灰飞烟灭，只剩空虚与厌恶。对此，斯宾诺莎的解读一针见血：欲望至关重要，它不仅需要精心培育，还须以理性加以引导。为了让所求之物、所爱之人与本性相匹配，欲望必须服从于理性或是直觉的判断。正是基于对自身细致入微的观察（如苏格拉底所说，"了解你自己"！）、日复一日的内省以及经年累月的生活经验，我们的想法才会日臻成熟，从而将欲望引向正确的方向。当欲望所指与自身成长相得益彰，我们就能充分享受梦想成真的快乐。由此，我们告别了柏拉图的欲望—缺憾理论，来到斯宾诺莎的欲望—力量和欲望—快乐学说。在后者看来，人类的幸福就在于对已有之物保持激情，因为它最适合我们，能够让我们的生命力不断增长。

欲望是改变的唯一动力

在这里，我要对斯宾诺莎的学说做一重要补充，它与我们的固有想法背道而驰，从中我们也可以看出哲学家对于欲望的重视程度。面对一些会招致不幸的嗜好，如酗酒吸毒、沉迷游戏、性爱成瘾等，人们通常会分为两派：一派追随斯多葛派学说，认为意志是戒绝恶习的关键所在，就像那句广为人知的谚语"只要你想，就能做到"；另一派支持伊壁鸠鲁的观点，坚信理性与洞察力会让我们明辨是非、远离罪恶。斯宾诺莎对两种看法都给予了驳斥。我在前文阐述青少年沉迷于社交网络时，就曾简要引用过他的论点。他认为，无论是根除恶习，还是防止对不良嗜好上瘾，单靠意志或理性都不可行，因为两者都属于精神范畴，无法凭借一己之力与情感对抗。因此，我们必须动用欲望的力量，它能对人产生全方位的影响，特别是感受和情绪。由此，斯宾诺莎道出这句至理名言："我们无法对抗甚至消除一种情绪，但另一种更加强烈的情绪可以做到。"[1]换言之，即使我们听从理智的安排，也不可能将嗜好、仇恨、忧愁或恐惧统统消除，但新的欲望能激发积极而强烈的情绪，如爱与快乐，足以抵消不良情绪的影响。

当然，理智也不是毫无用处的，它的作用是发掘引人向上的欲望，使其"脱颖而出"，并调动人的意志力加

1　*Ibid*, IV, « Proposition 7 ». （巴鲁赫·斯宾诺莎著，《伦理学》第四卷，命题7）。

以强化。归根结底,改变的根本动力是欲望及其激发的情感。在传统道德观中,理智和意志专为压制情感而生,双方可谓针锋相对,而斯宾诺莎的理论颠覆了上述观点。在他看来,从产生欲望到调整方向,欲望的管理应该成为伦理学和获取幸福的核心。正因如此,他摒弃了精神/肉体、理智/情感的二元对立关系,采用积极/消极的标准来分析事物。所谓消极状态,就是我们被外在因素和不合时宜的观念左右,它会带来伤痛,引发消极的快乐。积极状态则是顺从本心,行事合宜,我们也会因此收获积极的快乐。如何化悲痛为喜悦?正确的做法是不被情绪支配,有意识地引导欲望,去追求那些能够让我们成长、带给我们欢乐的人和事物,如此,我们就成了情绪的主人。

虽然在时空上与亚里士多德和伊壁鸠鲁相隔甚远,但斯宾诺莎继承了他们的学说，并在欲望这一问题上提出了与柏拉图截然不同的观点。面对主张禁欲的主流派别，无论其属性是宗教还是哲学，他一概划清界限。这些派别一直倡导人们以苦行换取善果，以隐忍换取不再隐忍，其言行存在诸多矛盾之处。斯宾诺莎认为，与其反对短暂或虚假的快乐、不断消耗生命活力、为自己徒添烦恼，不如升级快乐、享受爱情、增强自身的生命力与创造力；与其为了不良欲望疲于奔命，不妨专注于快乐之事，因为改变的最好方式就是憧憬幸福的未来。在《伦理学》结尾，斯宾诺莎写下这样一句话，其言力透纸背，足以颠覆禁欲派在2500年间向人们灌输的固有观念："幸福不是美德的报酬，而是美德本身。我们不会因为克制情欲而感到愉悦，反之，正是因为我们享有幸福，所以才不会耽于情色。"[1]

---

[1] *Ibid.*, V, « Proposition 42 ». （巴鲁赫·斯宾诺莎著，《伦理学》第五卷，命题42）。

2

尼采与"伟大的欲望"

悲哉！
一个时代即将来临：
人类不再射出欲望的箭矢，
因为他们的弓弦已经无法震动。

——弗里德里希·尼采（Friedrich Nietzsche）（19世纪）

斯宾诺莎认为，人们应该不断增强生命力，而不是限制或削弱它的生长，此外我们还需创造更多的快乐，因为后者总是与生命力相伴相生。在他看来，欲望能够真正激发生命力、行动力与创造力，为此必须充分发挥欲望的潜能。受斯宾诺莎启发，两位伟大的哲学家也对欲望与快乐提出了自己的见解，这就是弗里德里希·尼采和亨利·柏格森。

降低欲望，就是削弱生命

"我太惊讶，太高兴了！""我早有预料，这是怎样的先见之明！"1881年7月30日，弗里德里希·尼采写下上述话语。时年37岁的他，刚刚因身体原因辞去巴塞尔大学 (université de Bâle) 哲学教授一职，准备从此专注于哲学研究和著书立说。他拜读了斯宾诺莎的《伦理学》，书中思想对他启迪良多，在他接下来的一系列作品里均有所体现，如《快乐的科学》(Gai savoir) (1882年)、《瞧，这个人》(Ecce homo) (1888年)、《论道德的谱系》(La Généalogie de la morale) (1887年)、《查拉图斯特拉如是说》(Ainsi parlait Zarathoustra) (1885年) 等。尼采的写作风格同斯宾诺莎截然不同，后者的《伦理学》构成了一个严丝合缝的逻辑体系，一整套定义、原理、命题、论证环相扣，完美得如同几何定律。而尼采则立志"将哲学当作一把锤子"，他的论述充斥着只言片语和格言警句，几乎看不到长篇的逻辑推理。他故意用挑衅的语气说话，以期"唤醒"同时代的人们，因此其著作中也充满着矛盾和悖论。在欲望这一问题上，他同样语出惊人，虽然不妨碍人们阅读理解，但也让不少读者望而却步。

尼采借鉴了斯宾诺莎伦理思想的核心词语——*conatus*，即人类因欲望而产生的力量。正是在这股力量的推动下，我们得以成长繁衍、掌控人生、付诸行动，尼采将其命名为"权力意志"。正因如此，他对所有主张减少、消灭欲望的哲学和宗教派别给予强烈抨击。在他看来，降低欲望，就是削弱生命，就是否认塑造人生的权力意志和创造动力。他在著作《偶像的黄昏》(*Le Crépuscule des idoles*) 中这样写道："为了免于疼痛，就将一口牙齿全部拔掉，这样的牙医我们不敢苟同。"随后，他又将矛头对准基督教："教会用斩草除根的方式对抗激情，此种应对之策，完全是一刀切的做法。他们从未反躬自问：该如何赋予欲望以精神内涵，对其进行打磨，使其变得神圣？自始至终，教会都在运用清规戒律消灭欲望，如淫荡、傲慢、控制欲、占有欲以及报复心。然而，从源头打击激情，无异于从源头摧毁生命，教会的做法对生命百害而无一利……"[1]此外,尼采也没放过佛教,虽然他的态度相对缓和,但也出于同样的理由对其进行了批评,他认为佛教的宗旨与生命背道而驰。他还不无忧虑地指出,欧洲文化正在"转向新型佛教,我们正在创造一种欧式佛教!向着虚无主义一路狂奔!"[2]。

尽管尼采对禁欲派给予了尖锐批评,但这并不意味着他主张向欲望无条件投降。他承认,冲动、欲望和激情会使人堕落,但正如他此前所说,最好的解决之道是赋予欲望以精神内涵,对其进行打磨,通过理智和高贵的情感如爱情、快乐、感恩等助其不断升华。可以说,尼采倡导的方式与斯宾诺莎如出一辙,他希望对欲望进行彻底改造,使其实现脱胎换骨的变化。

"末人"的狭隘欲望

无论是否认世界,还是否定人生,都被尼采归结为"虚无主义",他还将这种处世之道分为两大类型。其一与宗

---

[1] Friedrich Nietzsche, *Le Crépuscule des idoles* [1889], trad. Henri Albert, GF-Flammarion, 1985. (弗里德里希·尼采著,亨利·阿尔贝译,《偶像的黄昏》)。

[2] Friedrich Nietzsche, *Généalogie de la morale* [1887], 5, in *Œuvres*, t. II, Robert Laffont, « Bouquins », 1993. (弗里德里希·尼采著,《论道德的谱系》)。

教有关：一些宗教派别蔑视现世，将希望寄托于来世，也就是一个并不存在的超然世界。其二取决于个人态度：虽然无法抗拒内心的冲动，但一些人在生活中谨小慎微，安全是他们唯一的诉求。只要生活出现困难或是考验，他们就会怨天尤人。这些"埋怨"的个体将保持身体健康作为至高无上的目标，与其说是在生活，不如说是在生存。比起崇高的快乐，他们只愿选择肤浅的乐子。为了不冒任何风险，不必承受一点痛苦，他们逃避死亡，拼命压制内心的真实欲望。尼采将这类人称为"末人"(德语为 der letzte Mensch)，用以指代虚无主义的消极状态。"末人"们无欲无求，所专注者无非健康、舒适与安全，他们毫无野心，并且乐在其中。

为了与"末人"形成对比，尼采在其名作《查拉图斯特拉如是说》中又创作了"超人"这一角色。后者完全认可权力意志的作用，时刻充满活力。书中的查拉图斯特拉极力向众人宣讲"超人"的过人之处，但听者意兴阑珊，于是他转而描绘"末人"的卑劣形象，希望唤起群众的鄙视。"是时候了，人类必须为自己设定目标，播下至高希望的种子。现在土地还足够肥沃，但终有一日会变得贫瘠而荒芜，到那时又怎能长出参天大树。悲哉！一个时代即将来临：人类不再射出欲望的箭矢，因为他们的弓弦已经无法震动！在此奉劝诸君，如果想孕育舞动的星辰，就必须保持内心的动荡，是的，你的内心必须蠢蠢欲动。悲哉！一个时代即将来临，人类再也无法孕育星辰。悲哉！一个时代即将来临，最可鄙的人们不以己为耻，甚至扬扬自得。看吧！这就是'末人'。"然而，查拉图斯特拉费尽唇舌，换来的却是众人这样的回答："让我们成为'末人'吧！'超人'尽管留给你自己！"[1]

这就是"末人"：怨天尤人，对人生充满否定（他们只愿接受生活中顺遂舒适的部分）。他们不会创造，不懂去爱，没有渴望，甚至未曾意识到这些缺失。他们自以为热爱生活，毕竟他们将健康视若至宝，并能从中获取一些微末的快乐，比如补充营养，比如享受性爱。"白天有白天的小乐趣，夜晚有夜晚的小乐趣，而健康才是最高目标。"[2] 从未追求自我超越，拒绝承受人生赋予的任何苦难——这种庸人正是西方现代社会人群的真实写照，如今他们已取代宗教信徒，成为社会的主流。如果说与宗教相关的虚无主义是以来世之名否认现世、欲望和人生，那么如今的虚无主义则呈现出一种新的形式，它将健康和安全作为挡箭牌，对人生及崇高的欲望视若无睹。

1　Friedrich Nietzsche, *Ainsi parlait Zarathoustra*, « Prologue », 5, trad. Henri Albert.（弗里德里希·尼采著，《查拉图斯特拉如是说》序言，第5节）。

2　*Ibid.*（出处同上）。

"超人"的"崇高欲望"

尼采笔下的"超人"与"末人"形成鲜明对比：他对人生充满笃定，绝不会不惜代价逃避死亡。他不为外物所动，对生命的态度只有一个"大写的肯定"，因为他深爱人生的本来面目，而不是心中希冀的模样。通过这个人物，尼采倡导人们确定自身的权力意志，尽情渴望，超越自我，不断提高创造力，同时接受世界和人生的本来面目。正因如此，他选择了一句典型的斯多葛学派格言作为自己的座右铭：Amor fati（热爱命运）。按照斯多葛学派的理论，人们不应同命运抗争，因为种种遭遇皆由天定，我们无法改变，唯有顺从。而且不仅这一世，只要我们活在人间，就必须认清人生的"周而复始"[1]，无数次接受命运的安排。正如尼采在其最后一部作品《瞧，这个人》中写道："我从未有过任何欲望。"哲学家言下之意，就是他从未因对抗命运而付出无谓的努力。他自愿接受生命中发生的一切，并将其视为必需。对他而言，首要的便是直面自身糟糕的健康状况。此外，他还懂得掌控内心的冲动和激情。当然，尼采向来

---

[1] Friedrich Nietzsche, *Le Gai savoir*, 341. （弗里德里希·尼采著，《快乐的科学》，第341节）。

喜欢制造悖论，他也曾说过，要尽情释放欲望。在《查拉图斯特拉如是说》中，他这样写道："在我体内，总有一些东西无法平息，它们试图提高音量、大声呼喊。每当夜幕降临，我的欲望如泉水喷涌，它要纵情高呼。"[1]一方面我们需要接受生命赋予的一切，另一方面我们还要战胜虚无主义带来的"百无聊赖"，如果任其发展，我们就有可能放弃"崇高欲望"。这种欲望对人类至关重要，它意味着持之以恒的自我超越（德语为Selbst-überwindung），以及权力意志迸发出的惊人创造力。唯有激发欲望的积极作用，我们的心态才会更加坚定，成长之路才会越走越稳，在不断进阶中实现自我成就。尼采对柏拉图的欲望—缺憾理论多有批判，也不赞成单纯追求快乐，这一点他同斯多葛学派意见一致。不过他也强调，欲望意味着力量，其作用不可替代，同时追求真正的快乐亦是人之常情。在这一问题上，他同斯宾诺莎不谋而合，又站在了斯多葛学派的对立面。

尼采对"微弱的欲望"不屑一顾，认为它只会向冲动妥协，同时对生命关上了大门。他认为，人类的欲望应该十分强烈，唯有如此，才能控制冲动，无条件地热爱生

---

[1] Friedrich Nietzsche, *Ainsi parlait Zarathoustra*, « Le chant de la nuit ».（弗里德里希·尼采著，《查拉图斯特拉如是说》里的"夜之歌"）。

命，在持久的创造力中实现自我超越。面对那些失去欲望的人（只追求简单目标，仅凭冲动行事），面对那些真情不再的人（爱得寡淡或是虚幻），面对那些行尸走肉的人（生存大于生活），尼采坚信，"强烈的欲望"是激发真爱、释放生命的正确之道，值得人们付出任何代价。"唯有爱意，才能激发人们的创作灵感，为此，我们必须无条件相信生命的充盈与公正"[1]。他表示，这是对自身及生命的信任，与"个体最本真的特质"[2]相互契合，其外在表现就是天赋、创造以及持之以恒的自我超越。正如弗朗西斯·吉巴尔（Francis Guibal）所说："尼采的作品如同一纸动员令，它激励人们一往无前，尽情释放所有生命潜能，它鼓励人们在纯粹而非被动的感情中自我塑造，它倡导与众不同、卓尔不群。尼采向往的欲望如此强烈，足以激发人们最深切的快乐和欢笑。他呼唤永不停息的巨变，期待人们热情拥抱现实，接受人生赋予的一切，无论幸福或是苦难，哪怕日夜相继、周而复始。"[3]

---

[1] Friedrich Nietzsche, *Deuxième Considération intempestive*, 7. （弗里德里希·尼采著，《不合时宜的考察》第二部，第7节）。

[2] Friedrich Nietzsche, *La Volonté de puissance*, I. （弗里德里希·尼采著，《权力意志》第一卷）。

[3] Francis Guibal, « F. Nietzsche ou le désir du oui créateur », *Revue philosophique de Louvain*, 1984, no 53. （弗朗西斯·吉巴尔著，《弗里德里希·尼采与创作欲望》，《鲁汶哲学杂志》，1983年，第53期）。

崇尚醉酒

查拉图斯特拉预见了一种新的文化,它的形成过程各有不同,可能是孩提时的灵光乍现,可能是创造力的激情迸发,也可能是终其一生对创作活动的不懈坚持,希腊神话中的酒神狄俄尼索斯(Dionysos)就是上述文化的象征。在尼采看来,醉酒是创作的前提。"无论是艺术创作,还是与美学相关的行为与思考,都必须首先进入一种生理状态,即醉酒。"[1]醉酒的原因并不重要,重要的是它能改变意识状态,让人感到浑身是劲、内心充盈、志得意满,万事万物尽在掌握。只有在这种状态下,我们才能成为创作者、创意家和改造者,影响并改变自己和这个世界。关于醉酒,诗人波德莱尔可谓感同身受:"应当时刻醉意醺醺。这就是全部所在,这就是唯一的问题……沉醉吧,永远不要醒来!无论是美酒、诗歌还是德行,悉听尊便。"[2]

---

[1] Friedrich Nietzsche, *Le Crépuscule des idoles*, « Flâ- neries inactuelles », 8, *op. cit.*(弗里德里希·尼采著,《偶像的黄昏》,《不合时宜的漫步》第8节,同前文所引著作)。

[2] Charles Baudelaire, « Le Spleen de Paris », *Petits Poèmes en prose* [1869], Gallimard, 2013. (夏尔·波德莱尔著,《巴黎的忧郁》,收录于《小散文诗》,1869年)。

3

培育生命力和尽享人生

> 活着,
> 不是碌碌无为、明哲保身,
> 而是直面危机并夺取胜利。

——乔治·康吉莱姆(Georges Canguilhem)(20世纪)

"生命告诉我一个秘密,它说:'你看,我的存在就是为了超越自己'"[1],这是尼采借查拉图斯特拉之口道出的人生见解。数十年后,法国哲学家亨利·柏格森发表了一部名作《创造进化论》(*L'Évolution créatrice*)(1907年),作品延续了斯宾诺莎和尼采的哲学思想,并融入了当代生物学的知识。柏格森旗帜鲜明地站在斯宾诺莎一边,他在书中写道:"一位哲学家只有两种哲学,一是自己的学说,一是斯宾诺莎的理论。"同时,他还借鉴了尼采关于生命创造力的推断,后者被视为自我超越的动力。

柏格森的主要观点是在自然界"持续创造新事物"。关于生命进化,学界一直存在两大理论,第一种从亚里士多德一直延续到莱布尼茨,他们以目的为导向,认为自然界一直在追寻一个终极目标,其发展变迁无不受到这个目标的驱动;第二种正好相反,自笛卡儿开始,现代科学试图用机械论对进化加以解释,他们认为,所有初始参数均为随机设定,并没有确定目标即哲学中的动力因。柏格森对上述理论分别进行了批驳,呼吁人们勇于挑战权威观点。他指出,这两种论断要么预设开头,

---

[1] Friedrich Nietzsche, *Ainsi parlait Zarathoustra*, II. (弗里德里希·尼采著,《查拉图斯特拉如是说》第二卷)。

要么套用具体数据，以此来推断尚未发生的事情，其错漏之处就在于用静态思维预判事物发展。有鉴于此，柏格森提出了自己的"生命冲动"理论。该理论建立在大量生物学观察的基础上，柏格森经过分析发现，即使拥有原始数据，人们也无法预制计划，更无从预知未来，因为生命的进化本就无迹可循，它只能在一次次的创造冲动中完成自我塑造。

所谓生命冲动，就是人类持之以恒的创造行为，它伴随生命和物种的进化，不仅能帮助我们攻克难关，还能在社会生活形成固定模式后，继续探索新的形态。它总在不停调整方向，延续行动的轨迹，创造新鲜的事物。人类意识的产生，让众生得以释放天性、超越本能，这对于生命冲动具有决定性意义，特别是在艺术创作和宗教神秘主义领域，几乎达到了登峰造极的地步。无论是以人类整体观之，还是将单一个体作为研究对象，这种生命力都呈现出"强大的内在驱动"[1]，我们无时无刻不在感受它的支持、渗透与推动，它促使我们进步成长，帮助我们适应环境、与时俱进、不懈创作，最终完成自我

---

[1]　Henri Bergson, *L'Évolution créatrice*, PUF, « Quadrige », 1986.（亨利·柏格森著，《创造进化论》）。

塑造。可以说,柏格森提出的生命冲动与亚里士多德的欲望驱动、斯宾诺莎的欲望—力量以及尼采的权力意志有着异曲同工之妙,但与此同时,他也强调了历史因素在生命进化中的重要作用及其突出的创造性特征。他认为,生命冲动为地球注入了活力,而这里的每个人都与生命冲动有着内在联系,我们会融入它的行动,感受到其中蕴含的创造伟力。"创造进化的目的之一,就是向人们证明一切与我本性相通,只有不断深化对自己的全面认识,才能捕捉到这一信息。"[1]

为此,柏格森建议人们追求深切的快乐,这种体验对每个人来说触手可及,那就是与世界、自然和生命完美融合。试想我们身处交响乐团,坐在属于自己的位置演奏乐曲,仿佛与全世界的交响融为一体。此时此刻,一切尽在心中,我们感到与生命产生了奇妙的连接。生命冲动在体内激荡,我们在乐曲中加入自己的音符,尽情体验创作的快感,或是怀着感恩的心情体会它的存在。那么,究竟怎样才能激发生命冲动,并对其加以培植呢?

---

[1] Henri Bergson, *Mélanges*, PUF, 1972.(亨利·柏格森著,《合集》)。

培养创造力

创造力是第一个浮现在我脑海中的答案。这里所说的创造力,不仅限于艺术领域,而是体现在各个领域:从企业家到运动员,从厨师到工匠再到知识分子,人人都可以充满创意。比如,贝利、马拉多纳、普拉蒂尼和齐达内等足球运动员,就为我们奉献了一场场极具灵感和创意的比赛;比如大多数成功的企业家,无不足智多谋、直觉敏锐,勇于开创新鲜事物;还有手工业者,他们的创造性主要体现在开发新技术或是制作新模型,以别出心裁的方式加工材料;知识分子则会创造新概念或是对新颖及具有启迪性的知识加以概括。当然,艺术更加离不开创造,无论是原创还是演绎,都能赋予人们极具创意的体验。举例而言,演员可以像戏剧作者一样灵感迸发,演奏者也可以像作曲家一样思如泉涌。在创作过程中,在创造性被激发之时,我们身处其中,就拥有了无穷无尽的力量。

创作让人们充满活力,这是因为我们的生命力得到了极大的激发。正如加缪所说:"创造,就是活过两次。"[1] 创

---

[1] Albert Camus, *Le Mythe de Sisyphe* [1942], Gallimard, 1990.(阿尔贝·加缪著,《西西弗的神话》)。

作之路，让人生散发郁馥的芳香，让生命冲动愈发强烈，让我们感到心脏的强劲跳动。对于这一点，我深有体会。每当我全身心投入写作，被一个新颖的想法触发灵感，为火花四溅的文字自鸣得意，或是准确、清晰地阐明一个复杂概念时，我都会感到深切的快乐。这种感觉明明由内而生，却仿佛来自外部，由宇宙或生命吹拂到我的心中。对孩子而言，他们总会在游戏中本能地展现创造力。事实上，最有效的教育方法也是以玩促学，让孩子在学习中感知自身的创造力。在《儿童自然法则》(Les Lois naturelles de l'enfant) 一书中，塞利娜·阿尔瓦雷斯 (Céline Alvarez) 指出，人们最好允许孩子按照自己的意愿学习。我有一位朋友是税务律师，他之所以热爱这份工作，正是因为其创造力得到了充分释放；另一位教师朋友亦是如此，她总能在教学中不断创新，并且乐此不疲。如今，不少职业都为人们展现创造力提供了广阔舞台，当然也有一些职业相对困难，比如需要重复劳动的工种，或是无聊透顶的行政岗位。长此以往，人们难免情绪低落，生命冲动也会随之减退。为此，我们必须在其他地方加以弥补，如艺术、厨艺、体育、娱乐等，让我们的创造力得以充分释放。

重返自然

早在孩提时代，我就明白了一个道理：亲近自然能够让人焕发新生。小时候，每当情绪低落或是感到悲伤，我总会来到家中的大花园消磨时光。爬树、在毗邻住宅的溪流中玩耍，或是简单地躺在草坪上看着云朵发呆。只消一会工夫，我就能满血复活，振奋精神，重拾快乐。成年后，我依然选择在乡下度过大部分时间。每次在菜园劳作，或是漫步林间，或是海中畅游，我总会感到通体舒泰，幸福满溢，身心都得到极大的放松。此外，与动物的亲密接触也会带来诸多惊喜。由于生活在乡下，我可以养猫养狗，小家伙的陪伴令我受益良多。我还收养被遗弃的动物，它们因感恩而表现出的亲昵，格外令人动容。多少难熬的日夜，或是亲友故去，或是情场失意，我的猫总会依偎在我身边，发出咕噜咕噜的声音，以此抚慰我的伤痛；我的狗则会静静陪伴在侧，它们可爱而欢喜的样子，让我得以挺过难关，重拾生命冲动，再次感受到生之快乐。

我需要借助自然的力量寻找灵感。到目前为止，我已经写了50多本书，但没有一行字是在城市中完成的！每当我准备写作，我就会外出散步，在行走的过程中酝酿观点。写作时，我更愿意置身于美景之中。虽然我很喜欢大城市如巴黎、纽约、罗马或阿姆斯特丹，但一旦在城市停留超过数周，疲惫、焦虑、压力就会找上门来。如果说亲近自然能够增强生命力，赋予我灵感和创意，那么在城市居住，只会让人的活力消耗殆尽，灵气迅速流失。当然，每个人情况不同，有些作家的习惯就与我正好相反，他们只有在咖啡馆里才能找到灵感！一些从未在乡村生活过的人，一旦置身于大自然中，则会感到迷失或是恐慌。总体而言，人类需要与自然建立一种基本联系，才能脚踏实地，心态平和，不断自我更新，拥有源源不断的生命冲动。2020年新冠疫情隔离期间，家中带有花园或是居住在乡村的人们往往更为舒心，而城市居民大多被禁锢在面积较小的公寓之中，他们无比希望逃离城区，前往乡村寻找更大的空间。正因如此，疫情后自然环境优越的房产交易开始呈现爆炸式增长。如今看来，上述情况的出现绝非偶然。

　　早在20世纪50年代中期，瑞士心理学家荣格就已发出警示：在西方现代社会，人们长期与自然脱节，会造成严重的心理问题。"石头、植物、动物不再同人类说话，人类切断了与自然的接触。曾几何时，这种象征性关系能够赋予我们深厚的情感力量，但如今已然消耗殆尽。"[1]据荣格观察，这一关系的破裂会诱发多种神经官能症和焦虑情绪，而现实情况只会更加糟糕。面对各类相关症状，美国心理学家将其定义为"自然缺失症"[2]，具体表现为紧张不安、精神涣散、视力下降、抑郁消沉等。尤其令科学家们忧心的是，现在的孩子与自然界没有任何接触（他们也被称为"室内儿童"或是"罩中儿童"），并且出现了抑郁症状，即活力、欲望、生命冲动减退。可以说，自然就是生命最好的教师，只有亲近自然，我们才能体会到生态系统的绝佳平衡：每一株植物，每一类动物，都在维系整体和谐中发挥着不可替代的作用。大自然从不畏惧差异，多样性方是万物共生的宝贵财富。在这里，不同物种相互作用，一切皆有关联，生命因此成为生命，并且愈发朝气蓬勃。只要置身于大自然中，我们就拥有了源源不断的生命冲动，生存、适应和创造能力也能得到极大提升。正因如此，我们才需要回归自然，从中汲取生命的智慧。

---

[1] Carl Gustav Jung, *L'Homme et ses symboles*, Robert Laffont, 1964.（卡尔·古斯塔夫·荣格著，《人类及其象征》）。

[2] L'expression a été inventée par Richard Louv dans son livre *Last Child in the Woods. Saving Our Children from Nature−Deficit Disorder*, Algonquin Books, 2005.（这一说法由理查德·洛夫最先提出，取自其著作《林间最后的小孩：拯救自然缺失症》）。

适应身体与滋养精神

人类通过五大感官从外界获取能量，为此我们必须积极适应自己的身体，才能始终维持生命冲动。一旦与自然隔绝，我们的感知力就会急剧下降，这种情况在年轻人中尤为严重。他们一天到晚盯着屏幕，或是打游戏，或是沉迷社交网络，再或是忙于脑力劳动，由此导致的后果就是用脑过度以及注意力缺失。我们的认知异常活跃，但感官没被充分调动。事实上，这一现象由来已久。早在1910年，一位名叫罗杰·维多兹（Roger Vittoz）的瑞士医生就注意到，不少城市居民出现了与脑功能障碍相关的神经和注意力紊乱。为此，他发明了一种疗法，即通过刺激感官、增强意识等方式重塑大脑控制力。这一疗法的原理在于尽量减少大脑控制，以达到重新找回意识的目的。渐渐地，病患再次体会到触摸、注视、品尝、感知、聆听的乐趣。为了让身体的感受更为强烈，他们还会接受一些简单的训练，如细细品尝葡萄籽的味道，或是触碰一件冰冷的物体，充分体验遇冷的感觉。上述训练作用于大脑，有助于消除神经紊乱等症状，从而改善病患的精神状态。

罗杰·维多兹的方法极大地启发了现代的正念减压疗法（mindfulness），后者由美国医生乔·卡巴金（Jon Kabat-Zinn）开创,是一种非宗教意义的冥想练习,它可以放松精神控制,通过重拾身体感知能力,帮助病人缓解注意力障碍和焦虑症状。青年时代,我也曾患有注意力障碍,于是我尝试了维多兹疗法。事实证明,这一方法极其有效。此后35年来,通过持之以恒、全神贯注的冥想,我愈发体会到它的好处,每一次冥想都能让我感知自身真实的存在。如果我们只是身处自然,却无法忘却烦恼,那么无论如何闲庭信步,都于事无补!相反,当我们与自己的身体和谐共处,用心体会每一种感受、每一丝气味、每一个细节、每一种声音时,我们就会感到真正地活着,内心充满快乐和期待。在所有活动中,有规律地进行体育锻炼,如步行或骑车上班,是最有益身心的。运动能让人体焕发新生,也有助于维持生命功能的良好平衡,如心脏、呼吸等,尤为重要的是,我们会变得更加振奋、更有活力,整个人散发出从容和幸福的气质。可以说,专注体育锻炼是培养生命冲动的绝佳方式。

注重身体感受对于维系生命冲动、增强欲望的力量至关重要,与此同时,精神或灵魂的作用也不可或缺,无论如何措辞,此处指的都是人的内在。我们的精神和灵魂需要滋养,否则人体最核心的部分将会渐趋萎缩。许多人丧失动力、无精打采,皆因内心一片荒芜。2010年,我撰写的《浅论内心生活》出版发行，该书一经推出，便感动了上百万读者。在书中，我通过多维度的哲学思考以及一系列具体事例，指出丰富内心生活的重要意义。在我看来，这是形成完整人格、充分释放内心的必由之路。

内心世界的丰盈，很大程度上取决于知识、阅读以及思考，这些因素能够满足并提升我们的才智，让我们更加深入地了解世界。与此同时，内心的养分也源于对自身的反省、思索和观察。当一种情绪涌上心头，我们要学会体察、感受并加以管理，而不是一味压抑或是不自觉地任凭摆布。举例而言，当我被一部电影或一篇文字深深打动时，我喜欢沉下心来，用一点时间感知这种心情，而不是立即投入下一项活动。通过上述方式，我们可以学会与自己相处，享受独立思考、审视、品味情感的乐趣，换言之，就是感知灵魂的状态。比起外部环境的刺激，这些内心活动更能激发我们的活力。

我的母亲刚刚度过97岁生日，由于行动不便，她平时居住在一家医疗设备齐全的养老院中。她每天通过读书、祈祷和思考消磨时间，整个人看起来活力四射、精神矍铄。有一天我同母亲共进晚餐，我惊讶地发现，一些比她年轻的老人萎靡不振、麻木冷漠，看上去情绪十分消沉。母亲告诉我，"这些老人已然行将就木，他们不再阅读,对一切兴味索然。由于神经系统消极怠工,他们的记忆也在迅速流失"。反言之,如果我们的内心世界十分丰富,精神得到充分滋养,烦恼自会消失不见。我们可以思考、谋划、学习、渴望,这些都能让我们充满生机。

人的精神也需通过凝视与静思获得圆满。在柏拉图、亚里士多德和普罗提诺看来,无论是欣赏世俗之美,还是仰望神圣之美,凝视都是一种启迪心智的终极行为,它能让我们纵情享受、充分休憩。在《尼各马可伦理学》结尾,亚里士多德这样写道:"既然精神具有神性,那么相较于肉体,与精神契合的存在就是神圣的。因此,我们无须理会那些俗人,他们总说我们是凡人,只需专注凡间之事;他们又说我们终会消亡,最好放弃不朽的奢望。我们只需反其道而行,尽力让自己变得超凡脱俗,活出自身最好的样子。盖因神圣原则虽然声量微弱,却因其无上的力量与价值,远远凌驾于其他事物之上。人之所以为人,就在于其拥有精神生活,精神就是人类的本质,这才是真正幸福圆满的生活。"[1]就我个人而言,我经常需要静思冥想,将精神集中于崇高之事,提升至超越本我的境界,每到此

---

1 Aristote, *Éthique à Nicomaque*, X, 7, *op. cit.*(亚里士多德著,《尼各马可伦理学》第十卷,第5章)。

时，我都会在心灵深处体会到爱与快乐，而我唯一的祷告就是"谢谢"。

接受死亡与尽情生活

这一话题乍看起来充满矛盾，但我始终坚信，尽情生活、感知人生的最好方式之一，就是接受死亡。如果终其一生，我们都生活在对死亡的恐惧中，那么我们将永远无法体会生命的辽阔。尼采曾猛烈抨击这种新式虚无主义，后者将安全与健康置于至高无上的地位。人们为执念所扰，生活得谨小慎微，日日担心厄运降临。为了避免死亡，他们情愿付出任何代价，但同时也让自己成了活死人。近些年来，新冠疫情的蔓延进一步助长了这一势头，无论是众人的应对态度，还是政府的危机管控，都将健康放在了首要位置。只要能够拯救尽可能多的生命，一切在所不惜，哪怕是牺牲个人自由或是损害人们的心理和情感平衡。继安德烈·孔特-斯蓬维尔之后，我也在2020年春天加入谴责健康至上政策的行列。到了2021年7月，我对健康通行证的实施再次表示反对。在我看来，对于自由、平等、博爱的共和国铭言，此举不啻一个天大的讽刺。当然，政府会以健康威胁作为借口，但政策本应针对危险人群而非全体人民。即便没有症状，只是因为担心感染，人们就放弃了正常的生活，更何况疫情防控还涉及孩子，那些限制措施势必对他们的心理造成严重伤害，然而事实却是病毒对孩子影响甚微！

对死亡的恐惧迫使个人和群体做出选择，它会限制我们的生活，使其变得枯燥而无趣。然而，如果人生不能尽欢，或是只能依靠镇静剂和抗抑郁药度日，那么活到百岁又有何用！过去的人们尚能保持内心平静，这也是伊壁鸠鲁和斯多葛学派孜孜以求的理想境界，如今安他乐（镇静剂的一种）却取而代之，成为大众的救命稻草。人们无法从哲学的智慧中汲取力量直面死亡，从而获得内心的宁静与喜乐，唯有通过药物抵抗压力，结果就是萎靡不振，生命冲动被大幅削弱。人们对待痛苦的态度亦是如此，永远不惜一切代价避免伤害。

当然，没有人想受伤，但总有人能够承受类似的可能性，就如同有人能够接受死亡，这样他们才能尽情生活。当我们敞开心扉时，被人欺骗就会在所难免；当我们从事激烈的体育运动时，伤病的风险总会如影随形；当我们试图在疫情期间正常生活（这并不意味着放弃防范，我们可以佩戴口罩或采取一些隔离措施）时，新冠病毒就会找上门来。总之，我们面临两种选择，一种是杜绝所有风险，但生活质量也将随之降低；一种是坦然接受，结果就是人生波澜起伏。不过在第二种情况下，痛苦将加速我们的成长，坚定我们的意志，就像尼采所说的，"那些杀不死你的，终将使你变得更加强大"。如果说人体的免疫系统通过抵御外敌巩固自身，那么我们的精神同样要在攻坚克难中经受考验。在《权力意志》一书中，尼采以斯宾诺莎的口吻说道："无论是人类，还是最微不足道的生物，都在追求力量的增长。在实现目标的过程中，快乐与痛苦总是相伴而行。越期待，就越需要阻力，人们永远在困难中奋力前行……痛苦虽然会削弱人的意志，却也只是寻常现象，人们不仅无法避免，反而需要它不断激发自己的斗志。一切胜利、一切喜悦、一切成功，都以战胜挑战为重要前提。"[1]

与那些鼓吹痛苦有益论、怂恿人们自讨苦吃的人相反，尼采主张从容应对、战而胜之，因为他深知，痛苦能够使人成长。在此方面，法国神经学家鲍里斯·西瑞尼克（Boris Cyrulnik）与他的观点不谋而合。无论是亲身经历，还是诊断案例，西瑞尼克发现人们具有一种抗压的韧性，能够在挑战中触底反弹、迅速成长，因此他也将创伤称

---

[1] Friedrich Nietzsche, *La Volonté de puissance. Essai d'une transmutation de toutes les valeurs (Études et Fragments)*, 3e partie, 303, trad. Henri Albert. （弗里德里希·尼采著，《权力意志》，《论所有价值的嬗变》第三部分）。

为"最幸运的不幸"。

综上所述,我们大可不必为了规避风险,将人生变成生物意义上的存活。活着,是享受快乐、承担痛苦,是克服困难、收获成长,是心旌摇荡、遍尝世间情感,是啼笑皆非、悲欣交集,是情深一往、至死方休,是甘冒奇险、无自由毋宁死,是视死如归、坦然自若。只有任由生命冲动和欲望的力量在体内横冲直撞,才能真切感受心脏的跳动。

助生体与杀生剂

在2021年出版的《生命冲动:专治现代灵魂空虚的哲学良药》[1](Élan vital. Antidote philosophique au vague à l'âme contemporain)一书中,法国哲学家索菲·沙萨(Sophie Chassat)提出了一组有趣的概念,即"助生体"与"杀生剂"。她在书中写道:"所谓助生体(字面意思是生命载体),指的是足以激活、滋养和传递生命冲动的体验,也是能够唤醒、刺激、丰富生命活力的物质。"[2]我在本章所述,与索菲·沙萨提出的这组概念完全

---

[1] Sophie Chassat, *Élan vital. Antidote philosophique au vague à l'âme contemporain*, Calmann-Lévy, 2021. J'ai emprunté pour le titre de cette partie la belle expression de « vivre aux éclats » découverte dans cet ouvrage.(索菲·沙萨著,《生命冲动:专治现代灵魂空虚的哲学良药》。本书第三部分的标题"尽情生活",就是取自这部著作)。

[2] *Ibid.* (出处同上)。

契合。此外，我还补充了与爱相关的其他内容，将在下一章重点论述。与助生体相反，沙萨将杀生剂（字面意思为摧毁生命的元素）定义为破坏或抑制生命冲动的体验，并指出其三大特性：理想主义、怨天尤人以及墨守陈规。我完全赞同她的分析，特别是她对当前"生态政策"的指控，这些政策直接将生命管理变成了政治计划。[1]她还特别引用法国科学哲学家乔治·康吉莱姆的话表示，"病态的生命法则，就是强制人们龟缩在狭窄的空间中。这与此前的生活环境有着质的不同。新环境将苛刻的条件强加于人，并让人们相信，种种不适并非源于外部变化，而是自身的正常反应。然而我们既然活着，或者说生而为人，绝不只是为了蝇营狗苟、蒙混度日，而是直面挑战、战而胜之"[2]。对此，索菲·沙萨点评道，"乔治·康吉莱姆寥寥数语，却力透纸背，不仅适用于个人，也对群体有效。我们可以以此为标准，分辨一项社会准则到底发挥着'助生体'还是'杀生剂'的作用。但凡一项社会准则限制了人的行动力，让生命沦为苟活，它就是所谓'杀生剂'。在这些准则的引导

---

[1] *Ibid.*（索菲·沙萨著，《生命冲动：专治现代灵魂空虚的哲学良药》）。

[2] Georges Canguilhem, « Le normal et le pathologique », in *La Connaissance de la vie*, Vrin, 1992.（乔治·康吉莱姆著，《正常与病态》）。

下，人们可能患上群体疾病，即终日无精打采，无法创造性地应对各种状况，或是想方设法获得解脱。讽刺的是，越是在意健康，身心就越不健康。这是一种疯狂的执念，不仅有害而且荒唐。与之相比，那些激励人们'直面挑战、战而胜之'的想法，却能使人确保旺盛的生命力，为群体注入奋勇直前的强大动力。群体健康与个人一样，都取决于应对风险以及攻坚克难的能力"[1]。

无论是涵养生命冲动，还是培育欲望的能力，两者指向的都是同一目标，即充分享受人生。正如纪德所说："欲望令我内心充盈，这种感觉胜过虚幻的占有，即便占有的是我渴求之物。"人生在世，最重要的不是拥有，而是为实现欲望所采取的行动。因为欲望，我们的灵感才会充分迸发，才能拥有源源不断的行动力和创造力。

---

[1] *Ibid.*（乔治·康吉莱姆著，《正常与病态》）。

4

爱欲的三个层面

爱的真谛在于,
付出胜过索取。

——亚里士多德(公元前4世纪)

为了更好地理解人与人之间的复杂情感，希腊思想家们发明了三个词语——性爱、友爱、圣爱，每个词语都特指一种情感关系。在我看来，这三种爱也对应着不同的欲望。

性爱与占有欲

正如我上文所说，性爱对应的是欲望—缺憾理论。尽管柏拉图曾经指出，性爱能够引导人们抵达圣境，但在大多数情况下，性爱只会让人们享受快感、坠入爱河。当一个人能够填补我们内心的缺憾、满足自身的期待时，我们就会对其产生欲望，这种欲望的本质即占有。正因如此，我们常用客体来定义自己的爱欲。例如我喜爱巧克力或是豪车，这就意味着我渴望享用美食或是拥有豪车。

在人际关系中，我们之所以爱上某人、渴求某人，正是因为他/她能够填补缺憾、治愈心灵，让我们感到人间值得，同时激发或满足我们的性欲。众所周知，性欲带有自恋的性质，我们在爱人的眼眸中寻求渴望，从而自尊心得到极大满足。有时候，性欲也会沦为实用主义的工具。所谓爱人，不过是取悦自己的玩物，其存在的意义就在于满足其生理需求或是内心幻想。爱人由此成为"物化"的对象，我们的渴求或是爱恋，与爱好美酒一般无二。一旦爱人丧失价值，不再能够激发性欲，或是我们另结新欢，新人比旧人更合心意，我们就会毫不留恋地抽身而去。

友爱与分享欲

友爱对应的是另一种情感，这就是亚里士多德在《尼各马可伦理学》中详细阐释的 philia。人们一般将 philia 译为"友谊"，但在法语中，这一词语有着特殊含义，因此更准确的译法应为"友爱"。在亚里士多德看来，友爱不仅特指"朋友间"的情谊，也包含一切建立在利益之上的社会关系，以及夫妻、亲子和兄弟姐妹间的深厚感情（其他希腊学者用 storgê 一词专指亲情）。亚里士多德吸收了柏拉图提出的欲望—缺憾理论，试图向人们证明世上还存在一种欲望，它并非因缺憾而生，而是将人们紧密相连，或是精诚合作，或是相亲相爱。他同时指出，友爱"对于生存至关重要，如果失去朋友，那么纵然富有四海，活着又有何意义"[1]。

他由此归纳出友爱的三种类型：基于利益的友爱、

---

[1] Aristote, *Éthique à Nicomaque*, VIII, 1, *op. cit.* （亚里士多德著，《尼各马可伦理学》第八卷，第1章）。

基于享乐的友爱以及最完美的一种——基于相互吸引的友爱。在我看来，性爱与占有欲相互匹配，而友爱则与分享欲息息相关。上述三类关系满足的都是人们交流、分享、互相帮助的欲望。亚里士多德还告诉我们，无论何种形式，友爱都建立在互惠互利和共同事业的基础上。两个人彼此选择，正是为了合作完成一项共同事业（希腊语为 koinonia）。如果两者的关系基于利益，他们就会携手从事一项职业、共建一个社团或是共同制定政治计划；如果两者的关系基于享乐，他们就会分享休闲或其他活动的乐趣；如果两者的关系基于相互吸引，他们就有说不完的共同话语，从而收获持久的友谊，或是从此生活在一起，成为一对幸福的夫妻。在亚里士多德看来，最后一种关系最为完美，因为对方不再是可利用的手段，而是成就自我的目标。我们不是因为有利可图才爱上对方，而是被其本人深深吸引，这是爱的先决条件，也是爱的全部理由。打动我们的，永远是对方的人格魅力。

因此，友爱的基础是善意（希腊语为 eunoia），我们希望对方拥有最好的一切，单纯被其内在特质吸引，从未掺杂享乐主义与实用主义等私心杂念。我们幸福着他/她的幸福，悲伤着他/她的悲伤，时刻将对方放在心上，期待他/她能心想事成、活出自我。在一段友爱关系中，我们最大的愿望就是享受所爱之人的陪伴，并且盼望他们幸福快乐。从此，我们不会再为不曾拥有的事物感到悲伤，亦不会为生活中的烦恼辗转反侧；唯有所爱之人的离去，才能真正造成伤害，特别是他们的消亡，方是对我们的致命打击。这样的友爱异常坚固，朋友在患难中相互扶持，关系得到进一步升华。与之相反，基于利益和享乐的友谊十分脆弱，一旦对方失去利用价值，或是不再意趣相投，双方的关系也会随之一刀两断。

无论友爱以何种方式呈现，分享欲都不可或缺，它存在于两个独立个体之间，具有互利与公平的特点。这种分享于人于己都十分有利。在它的帮助下，我们得以不断成长、自我完善、发光发热，不仅拥有从容的心态，还能获取源源不竭的快乐。亚里士多德反复强调友爱的互利性，这也是区分慷慨与友爱的关键所在。日常生活中，我们可以对陌生人表现出最大的善意，但友谊却是两个个体在深思熟虑、彼此欣赏的前提下缔结的关系。当互利、公平或是共同计划不复存在时，友谊就会随之消亡。如果说性爱与占有欲一损俱损，那么友爱终结之日，也意味着人们失去了分享的可能，人们不再拥有共同的利益，也无法体会幸福的感受。这一规律既对友情有效，也同样适用于夫妻关系。亚里士多德特别指出，一旦朋友发生改变，互利与分享欲荡然无存,我们最好立刻结束这段关系。他举例说,如果朋友或伴侣在初识之时品行端方,但日后却沾染恶习并拒绝改变,"他/她就不再是我们熟识的亲友,眼看对方日益堕落,旁人亦无计可施,那么我们别无选择、唯有断交"[1]。

性爱带有自恋倾向,友爱则与之截然相反,它最令人欣赏的地方在于,我们不必在他人眼中寻求恭维,只需在欣赏的目光中审视自我。爱我者自会给出深刻而真实的反馈,胜过一人孤芳自赏。与其伪装自己,不如以真实面目示人,如此得到的爱意,才是世上最幸福的事情!

圣爱与奉献欲

亚里士多德曾说:"爱的真谛在于,付出胜过索取。"[2] 他还列举了母子之爱作为例证。在这种情况下,我们能否依然将其定义为友爱?事实上,母亲对孩子的呵护早已超越互利以及共同事业的范畴。这是一种不求回报的爱,母亲心甘情愿付出一切,人们将其称为圣爱(希腊语为 agapè)。它并

---

[1] *Ibid.*, IX, 3, 20.(亚里士多德著,《尼各马可伦理学》第九卷,第3章)。

[2] *Ibid.*, VIII, 9.(亚里士多德著,《尼各马可伦理学》第八卷,第9章)。

非古希腊哲学家的创造。在希伯来语《圣经》的希腊译本中，它仅仅出现过三次，另外几次出现在与基督同时代的犹太裔思想家亚历山大的斐洛 (Philon d'Alexandrie) 的著作中。它真正为大众熟知，还要归功于基督教的深远影响，毕竟在《新约》中，它被反复提及高达17次。"圣爱"有两层含义，一层是上帝对众生的博爱，一层是人类之间的无私之爱。既然人类都是上帝的子民，那么四海之内皆是兄弟。在这一前提下，我们不仅应该关爱亲友，也要热爱同类，无论他是陌生人、奴隶、外国人还是敌人。《新约》中阐释圣爱最为详尽的两篇文章，分别是《约翰一书》(Première épître de Jean) 以及使徒保罗 (Paul)《哥林多前书》(Corinthiens) 的第一封书信。

约翰在书信中说："亲爱的兄弟，我们应当彼此相爱，因为爱来自上帝。心中有爱者，皆由上帝所生，并了解上帝。心中无爱者，对上帝一无所知，上帝就是爱本身……上帝爱吾之心，我们深知、深信。与爱同在者，即与上帝同在，上帝永远在其心中。"[1] 保罗则以一首宏伟的颂歌礼赞圣爱："我若通晓万人方言乃至天使之语，唯独心中无爱，我便只是嗡鸣的铜管、震动的铙钹。我若拥有

---

[1]　Jean, 4, 7-8 et 16.（《约翰一书》，第4章、第7-8章、第16章）。

未卜先知之能、洞悉世相之长、学富五车之才乃至力拔山兮之志,唯独心中无爱,我便一无是处、一文不名。我若倾其所有周济穷人,乃至舍身投焰,唯独心中无爱,我所做一切也是毫无价值。爱是坚忍恒久、充满善心;爱是不嫉妒、不炫耀、不张狂,不为奸诈悖德之举;爱不求个人私利,不轻易燃起怒火,不妄加揣测他人之恶,不愿看到不公之事;爱向往真理、宽恕过失、笃信一切,相信未来,足以容纳世间万物。"[1]

尽管出自神学的特定语境,但"圣爱"这一概念却可用于世俗社会,借以指代一切无条件的爱。它不仅存在于亲子、夫妇之间,有时也发生在陌生人之间。比如有人冒着生命危险救下一名路人,其动机既非情欲也非友爱,那么这就是圣爱。圣爱与佛教的慈悲(梵语为 karuna)有异曲同工之处,都代表着救人于水火的强烈意愿。如果说性爱源于缺失,友爱旨在分享,那么圣爱的要义就在于奉献,它诠释了一种但求付出、不问回报的人性之爱,也有宗教徒将其视为神性。

---

[1] Corinthiens, 13, 1-7.(《哥林多前书》第13章,第1-7节)。

爱与三重欲望

在爱情关系中，上述三种形式的欲望均有所体现。最为普遍的就是性爱，它产生的性吸引力能够赋予欲望以强烈刺激。在极个别情况下，伴侣间处于无性状态，爱情就会缺乏激情。还有一些伴侣只剩性爱，他们之间或是有着强烈的性吸引力，或是借助对方弥补缺憾，或是将想象投射在对方身上，但无论这种关系如何紧密，都不会持久存在。要么激情消退，自私的本性逐渐暴露，双方最终分手了事；要么幻想破灭，昔日恋人唯余失望、冷漠与怨恨。在大多数情况下，性爱与友爱会同时存在。起初，一对伴侣靠性爱满足需求、填补缺憾，随着时间的推移，两人相知渐深，逐渐爱上真实的对方。

所有白头偕老的伴侣都会经历从占有到分享的变化过程，当最初的性吸引力逐渐减退，取而代之的是温存体贴与心意相通，后者才是维系两者关系的关键所在。当然，如果感情进一步加深，就会达到圣爱的境界。越是深爱，越不求回报，越不会将对方据为己有。无论如何，我们只愿对方幸福，我们全心付出，不会预设任何条件。记者兼作家朱莉·克洛茨 (Julie Klotz) 最近出版了一本关于爱情的新书，她在书中这样写道："这是一种超越自我的爱，它没有停留在激情层面,而是充满悲悯。当灵魂与灵魂相遇,两个自由、完整的人就此结成坚固的同盟。摆脱色欲、贪婪与私心的束缚,戒除占有与依附的欲望,这就是完美的爱情。"[1]作者还认为,伴侣若想和谐共处,就必须重视这四个层面的建设,即生理、心理、文化和精神。

在我看来,一段平衡且牢固的关系,离不开三个先决条件:强烈的性欲、深厚的友情以及无条件的爱意。三者的占比因人而异、随时而动,但它们始终是保持紧密、充实、持久关系的关键所在。

人际关系与生命冲动

在上一章节中,我们曾经谈到生命冲动的来源,它来自个人创造力,来自人们适应身体、滋养灵魂的方式,来自人类与天空、海洋、植物、动物等自然界的关联,同时,它也源于人际关系的质量。除了融入社会,我们还需维持良好的亲密关系,才能尽情施展才华、始终充满活力。精神分析法已经证实,孩子对家庭环境异常敏感,终

---

[1] Julie Klotz, *Les Quatre Accords du couple*, Fayard, 2022.(朱莉·克洛茨著,《夫妻关系的四大准则》)。

其一生都会受到亲子关系的影响。只有在爱与被爱、受人尊重、为人所需时，我们才能感知生命、不断成长直至绽放光彩。一生之中，我们会与无数人产生关联。正如斯宾诺莎所说，有些人会助长生命冲动，带来无穷快乐，就像为我们插上了梦想的羽翼，让新的欲望在心中生根发芽。与之相反，一些人会消耗生命力，陷我们于悲伤之中无法自拔。从此，我们的人生日益灰暗，欲望的力量逐渐枯竭。还有一些人起初催人奋进，随后拖人后腿。究其原因，一方面是双方的成长速度不再同步，一方面是激情过后幻想不再，人们开始正视彼此的差距。面对这种令人窒息的关系，最好的办法就是快刀斩乱麻，而非继续纠缠、越陷越深。我本人对此深有体会：每当我遇到类似情况，创造力就会明显减弱。这是因为糟糕的情感限制了它的发挥，而一段积极的关系却能释放灵感，使得创造力充分涌流。当然，事情并非如此简单。在我们的同伴中，有人天性脆弱或极度依赖我们，有人与我们拥有共同计划（家庭或职业），彼此的关系千丝万缕，因此离开他们注定是一个非常痛苦的过程。

以上我们提到的三重爱欲，都在以不同方式滋养生命冲动和内心欲望。性爱通过伴侣间的性吸引力，不断强化人们欲望的力量；友爱借助朋友和伴侣的深度交融，打开彼此心扉，使其充满渴望；圣爱让我们的内心受到极大震撼，在它的引领下，我们进入一个高尚乃至神奇的世界，充分感知生命的博大与充盈。在治疗师兼神学家菲利普·多泰 (Philippe Dautais) 看来，"随着爱的体验不断深入，我们会逐渐发现，一切皆是恩赐。无私奉献是一个螺旋上升的过程：越付出，内心就越充盈；越善于发现美好，就越会对人生赋予的一切充满感恩。待到付出积累到一定程度时，我们反而感觉自己的收获大于付出。那些矢志奉献的人，终将收获宝贵的财富"[1]。

以上关于欲望与博爱的内容，也在各大宗教教义中占有一席之地。

---

[1] Philippe Dautais, *Éros et liberté*, Nouvelle clé, 2016.（菲利普·多泰著，《爱与自由》）。

5

欲望的信徒

耶稣向世人传授欲望,

并且加以引导。

——弗朗索瓦丝·多尔托(Françoise Dolto)(20世纪)

在前面的章节中，我曾提及通过宗教法规对欲望的约束，但我有意忽略了具体流派，这是因为各大宗教派别特别是三大一神教，在法规之外还有一种方法规范欲望，这就是爱。爱能激发无限渴望，也能助人摆脱妄念。

耶稣与爱的智慧

在针对宗教的尖锐批评中，斯宾诺莎唯独放过了一人——耶稣。虽然他拒绝皈依基督教，甚至因此放弃了与拉丁文教授女儿的婚姻，但他始终对耶稣抱有强烈的好感。在斯宾诺莎心中，耶稣既是先知，也是值得尊敬的哲学家，其见解无一不精，其言谈句句属实，这在所有先知中都是独一无二的。他把耶稣视为"上帝智慧的传播者"，既能悟透宗教普遍原则，也能将其付诸实践。总之，耶稣"授予人类永恒的真理，使其免于清规戒律的奴役，并将宗教法令写在人们的内心深处"[1]。这句话完美诠释了《福音书》的精神要义。正如耶稣所说，他"不是为废除法令而来，而是为完善律法

---

[1] Baruch Spinoza, *Traité théologico-politique*, chapitre V, in *Œuvres complètes*, Gallimard, « Pléiade », 1955. （巴鲁赫·斯宾诺莎著，《神学政治学》第五章）。

而来"[1]，他想向世人阐明，宗教律法的真正含义在于教化心灵如何去爱。爱是制定律法的目的所在，如果我们忘记了这一初心，就会陷入教条主义，终日背负罪责，同时被外在的条条框框捆住手脚，心灵无法得到任何滋养。秉持着这样的信念，耶稣经常违背摩西律法，做出一些惊世骇俗之举，比如在禁止工作的安息日治疗病人，同妓女交谈，或是赦免犯下通奸罪行、按律当处投石之刑的妇人。须知，在赦免妇人时一旦应对不慎，耶稣甚至会被神父押至罗马人处判处死刑。可以说，《福音书》传递的全是爱的讯息，如："心中无爱者，对上帝一无所知，上帝就是爱本身"[2]；"看，这就是我的指令：请你们彼此相爱，就像我爱你们一样"[3]。以上种种，无不在劝导人们守身持正，但此举并非出于对神之惩罚的恐惧，或是对律法条文的盲从，而是源于内心深处的博爱。

渴望无限

在其著作《用精神分析法看福音书》（*L'Évangile au risque de la*

---

[1] Matthieu, 5,17.（《马太福音》，第5章第17节）。
[2] Jean, 4, 8.（《约翰福音》，第4章第8节）。
[3] Jean, 15,12.（《约翰福音》，第15章第12节）。

psychanalyse)中，弗朗索瓦丝·多尔托为耶稣送上"欲望大师"这一绝妙称呼，她解释说，"耶稣向世人传授欲望，并且加以引导"。事实上，耶稣始终将欲望置于爱的核心地位，从未以审判或是谴责的眼光看待欲望。面对那些因生活不幸而性格扭曲、被视为"罪人"的人，他总是循循善诱，试图对其欲望加以引导。"原罪"一词源于希伯来语 *hata't*，意思是错失目标、误入歧途。在耶稣看来，人们之所以犯下原罪，不过是未能合理管控自身欲望，无论施以重罚还是审判怪责都无济于事。我们应该做的，是规范其行为，帮助他们将欲望引上正确的轨道，而爱正是实现上述目标的唯一途径。耶稣就曾引导他人重归正途，如税吏撒该（Zachée）、通奸妇人以及撒马利亚女人等，他的成功秘诀在于展现出不带偏见、不预设条件的博爱，让对话者对上帝充满向往，从而获得了源源不断的爱意。东西方的宗教流派都认为人生而不幸，因为欲望没有止境、永无餍足，为此有必要对其加以规范，甚至彻底消除。

在欲望的特性上，耶稣与这些宗派观点一致，但得出的理由和结论却截然不同。他认为，欲望之所以无穷无尽，皆源于无限的存在，这就是上帝。因此，唯一满足欲望的方法就是将其引向无尽的源头。换言之，我们无须限制欲望，只要尽情追寻，就不会感到痛苦和沮丧。负面情绪的产生，无非是因为我们将无穷的欲望寄托于有限的事物上，后者根本无法承受如此强烈的愿望。这就是耶稣告诫撒马利亚女人话中的真义。此妇先后嫁过五任丈夫，却仍不满足，因为激情终会干涸，但她渴望永无止息的神圣之爱。他说，"凡饮此水者还会再渴，但饮我所赐之水者永远不渴"[1]。当人们为衣食住行忧心不已时，耶稣表示，"我早已告诉你们，无须操心吃穿用度，生命不比食物重要，身体不比衣饰珍贵？你看那天上的飞鸟，既不播种，也不收割，更不会蓄粮于仓，天父尚且能够养活它们，你们难道还不如飞鸟重要？……你们只需专注上帝的主宰与公正，其他一切皆是额外恩赐"[2]。

这番话听来十分刺耳，因为在大多数人眼中，满足基本需求至关重要，但耶稣偏要反其道而行，他告诫世人：至关重要者唯有上帝，将欲望倾注在主的身上，生活自会赋予你们想要的一切。即使你是无神论者，也同样可以从世俗角度对这番话进行解读，且不会违背其核心要义，那就是专注于生命中最重要的东西，敢于聆听内心深切且无

---

[1] Jean, 4, 13-14.（《约翰福音》，第4章第13-14节）。

[2] Matthieu, 6,25-27. Sur cette question, voir aussi le beau livre de Denis Marquet, *Osez désirer tout*, Flammarion, 2018.（《马太福音》，第6章第25-27节。关于这一问题，可参阅德尼·马凯的杰作《勇于渴望一切》）。

尽的欲望，在遵循人生法则的同时不断追求美好、公正和优秀，你渴望的一切终会如约而至。如果你只顾眼前，将目光集中在有限的事物上，那么你永远都不会满足，并且会错过真正美丽的风景。毕竟你所珍视的东西，其实并没有那么重要。

从某种程度上说，耶稣融合了柏拉图与斯宾诺莎的观点。一方面，他强调欲望具有强大的力量，必须用爱加以引导，以此获得幸福的人生，这一点与斯宾诺莎不谋而合；另一方面，他也借鉴了柏拉图的理论，指出欲望无穷无尽，唯有灵魂深处的神性才能将其填补，然而神性何其难得，人们依然会陷入世俗和物质欲望难以自拔。

由于耶稣所言太过惊世骇俗，教会一面表示认同，一面只能尽力"补救"。他们重提律法至上，试图震慑人心、以儆效尤。正如哲学家亨利·柏格森在其最后一部著作《道德与宗教的两个来源》（*Les Deux Sources de la morale et de la religion*）中所说，历史永远在两个宗教中摇摆，一个"视野开放""充满活力"，不断激发人们的"生命冲动"，生动诠释着思想与宗教的精华；一个"封闭自守""停滞不前"，日益沦为僵化的宗教机构，他们的首要任务就是抑制教徒欲望、维护自身权力。换言之，基督教的发展历程始终处于矛盾的运动之中：一会儿是制度逻辑占据上风，对教派造成致命打击(宗教裁判所，神职人员中饱私囊，信徒因恐惧地狱而产生负罪感，对牧师的恋童癖保持沉默，等等)；一会儿是各种思想百家争鸣，为基督教的复兴注入强劲动力(圣方济各的热情虔诚、安贫乐道及其对自然的守护引发教众追忆热潮，修道院重整秩序，教会致力于教育和慈善事业，缓解人类苦难，等等)。

犹太教眼中的欲望

我在前文曾经探讨过，摩西律法是如何一面教导信徒对上帝绝对忠诚，一面将人类的天然欲望定性为贪婪的。在希伯来语中，指代"欲望"的动词有好几种，其中常用的有两个(无元音)，即RTzH和HMD。HMD的意思包括图谋、妒忌、觊觎、企图、谋夺等，它也被用于《摩西十诫》，如"不可觊觎他人的妻子、房屋……总之属于同类的任何东西"。在犹太人看来，欲望即贪婪，会摧毁友情与兄弟情谊，因此摩西律法试图压制欲望，将昔日忍饥挨饿的奴隶团结起来，组成一个彼此友爱、坚如磐石的同盟。为此，在《摩西十诫》的基础上，人们又添加了603条诫命，组成《摩西五经》(即《圣经·旧约》前五卷)。与HMD相反，RTzH出现在《圣经·雅歌》中。这是一部荡气回肠的诗篇，表达了与心爱之人水乳交融的隐秘欲望。在这里，RTzH不再以贪婪的面目示人，而是借助色情语言，展现了合二为一的强烈渴望。这段经文构成犹太人与上帝、与神性紧密融合的基础，诠释着超越自我、融入更加广袤世界的愿望。研究犹太教修行的知名专家马克·阿莱维(Marc Halévy)指出："犹太教的精神根基在于融合，这一点被卡巴拉教(Kabbale)即犹太教的神秘分支发扬光大。那么问题也随之而来：精神境界如何不断提升，直至上通神明？为了开启通灵之路，欲望的存在又是否合理？事实上，精神的修炼、思想的升华无不始于欲望。如果没有融合之意，又怎能将其变为现实？我们的首要任务就是相信，然后大胆畅想。这里所说的欲望，指的并不是信徒对上帝之爱(正如基督教一直倡导的)，而是上帝所代表的超凡。心怀崇高之愿，我们才能敬畏世界，崇尚生命与精神，从而超越世俗禁锢。"[1]

伊斯兰教苏非派：与主融为一体

与主融为一体的欲望并非基督教独有，也是伊斯兰教神秘主义派别倡导的核心内容，其中最具代表性的当属苏非派。在希腊哲学、《圣经》和《古兰经》中，上帝和世

---

[1] Propos recueillis par l'auteur auprès de Marc Halévy. (节选自马克·阿莱维相关论述)。

界往往自成一体：一面是超凡脱俗的造物主，一面是被创造的宇宙和万物。而苏非派和其他神秘主义学派则反其道而行之，他们摒弃传统二元论，创造出属于自己的一元论概念，其观点与斯宾诺莎不谋而合。在他们看来，上帝并非独立于世界的存在，他无处不在；因此，与其臣服或恐惧一个遥远的上帝，不如与无处不在的主融为一体。

贾拉鲁丁·鲁米 (Djalâl ad-Dîn Rûmî) 生于13世纪，既是"苦行修士会"的创始人，也是古波斯的伟大诗人、苏非派的神秘主义学者。他一再强调精神体验比教条律法更为重要，为此始终游走于正统伊斯兰教边缘，其理念却吸引了大批信徒。在他看来，诗歌、音乐和舞蹈都是触摸和展现神性的绝佳手段。他用自由而炽烈的方式表达对上帝的疯狂热爱，由于太过露骨，几乎让人嗅到色情的意味，而他的热情也超越了所有宗教和一切信仰。鲁米由此成为犹太教、伊斯兰教、印度教和基督教的神秘主义代表。在上述宗派看来，这种对神圣之爱的切身体验，足以打破一切壁垒、界限以及虚幻的二元对立观念。让我们来聆听他的告白：

穆斯林兄弟们，我们该做些什么呢？我已不再认识自己。我不是基督徒，也不是犹太教徒；我不属于东方，也不属于西方；我并非来自内陆，也与海洋无缘；我未曾接触自然，亦非从天而降，陆地、江湖、天空、火焰都与我无关；我不属于神圣之城，也不算是芸芸众生；我既非存在，也非本质。

我不属于此世界，也不属于彼世界；我与天堂无关，也非来自地狱；我非亚当夏娃后代，也与伊甸园及其天使无关；我的居所就是居无定所，我的行踪就是杳无踪迹；你们看到的我，既非肉体，也非魂魄，因为我只属于至爱之人的灵魂。

我不再坚持二元论，因为两个世界本是一体。这个唯一的世界，才是我追寻的目标、凝视的对象，也是我呼唤的名字。它是起始，也是终点；它远在天边，近在眼前。我无法形容其万一，只能喃喃自语，"是它"，"就是它的样子"。

我醉倒于爱的杯盏，世界在我眼前消失；我无事可做，只能流连于精神的盛宴，在孤寂中一醉方休。漫漫人生，哪怕只有一瞬无你陪伴，那么从这一刻起，我定会痛悔终生。朗朗乾坤，如果能有一瞬拥你在侧，我必将踏遍两个世界，为欢庆永恒翩然起舞。[1]

---

[1] Djalāl ad-Dîn Rûmî, *Diwân*. （出自贾拉鲁丁·鲁米诗集）。

爱之奉献与印度密教

在印度教中，同样存在推崇上帝之爱的思想流派，倡导与主融为一体，其中最知名的当属虔信派(bhaki)。虔信一词的词根bhaj意为分享：通过向主奉上爱心，可以获取部分神性。具体做法是建立亲密关系，如向供奉的小像献上净水、鲜花、香料、水果等，信徒们由此与神灵产生亲密而友好的联系，而他们的最终目的是与神融为一体。印度教经典著作之一《薄伽梵歌》(Bhagavad-Gita)认为，无论性别、种姓，在向神灵奉献爱心一事上众生平等，这也是摆脱轮回的最佳途径。众神之中，香火最旺的当属主宰印度教神庙的两位伟大人物：毗湿奴(Vishnu)和湿婆(Shiva)。

与基督教视性欲为洪水猛兽不同，印度教始终将其置于修行的重要位置。爱神伽摩(Kamadeva)便是广大信徒顶礼膜拜的欲望之神。他通常手持弯弓，向人类射出箭矢，以激发他们的性欲。还有一部举世闻名的著作《爱经》(Kamasutra)，教授人们如何在性行为中获取极致的快乐。这部书创作于公元6世纪到7世纪间，在9世纪被配上插图，以方便不识字的民众理解、阅读。此后，《爱经》更是风靡世界！不过在印度教虔信派看来，性欲不仅是享受快感，更是精神升华的必要手段，人们将这种信仰称为

"密教"。法国知名专家安德烈·帕杜（André Padoux）解释说，"密教坚信，爱、性欲乃至激情，乃是超凡入圣的绝佳途径"[1]。因此，性行为的首要目的不再是享乐，而是超越自身局限，体会与神融为一体的感觉。密教信徒追求的也不是快乐，而是释放，这与西方密教的修行理念可谓大相径庭！在印度教传统中，性行为必须在经验丰富的大师指导下进行，而且处处有章可循。它是男女身体的结合，也是两性精血的融合。借助性高潮的力量，两位修行者融为一体，再现天地之初雌雄同体的圣景。

---

[1] André Padoux, *Comprendre le tantrisme. Les sources hindoues*, Albin Michel, 2010.（安德烈·帕杜著，《读懂密教·印度教起源》）。

6

勇于渴望与重塑生命

> 灵魂有多渴望,
> 行动就有多积极,
> 结果往往会如愿以偿。

——大阿尔伯特（Saint Albert le Grand）（13世纪）

"无欲无求之人是何等可悲！他因此失去了拥有的一切。"[1]1761年，让-雅克·卢梭写下这样一段文字。的确，如果人没有欲望，就如同行尸走肉一般。即便是隐居世外、放弃一切的佛教僧人，也极度渴望证得涅槃、救众生于水火。欲望让我们充满活力，然而很多人不敢直面自我，循着欲望的方向自由前行。

勇于渴望

"这不适合我""我很想要，但我不敢""我想去找他/她，又怕遭到拒绝"……试想一下，我们曾听过多少这样的自白。我们不断压抑自身的欲望，只因缺乏自信，或是被文化和家庭的限制缚住了手脚。年少时，我第一次向一个女孩告白，她回应说，我是个好人，她也很欣赏我，但她对我没有感觉，因为我太小了。经此打击，我突然变得胆怯起来，在接下来的几年里，我拼命压抑内心的欲望，不敢同年轻女孩接触，生怕再次遭到拒绝。幸运的是，在17岁那年，我遇到一位年纪稍长

---

[1] Jean-Jacques Rousseau, *Julie ou La Nouvelle Héloïse* [1761], sixième partie, lettre VIII. （让-雅克·卢梭著，《新爱洛伊丝》第六部分，第8封信）。

的女士，她让我重拾信心，敢于表达对他人的爱意。通过这个例子我们可以看到，欲望虽然存在并已觉醒，但在语言表达和实现过程中遭遇了阻碍。这种情况十分常见，我们理应对当事人给予积极的开解、有力的支持，或是帮助他们改换环境，必要时接受心理治疗。唯有如此，他们才能走出困境，敢于表达欲望，向着心仪的目标发起冲击。在某些情况下，我们甚至无法察觉内心深处最强烈的欲望。放眼望去，生活意兴阑珊、毫无意义，我们不喜欢自己的工作，悲伤和沮丧如影随形，但又不知还能做些什么、去往哪里，如何寻找或寻回生活的动力。总之，我们不知渴求什么，也不知怎样激发生命力。这种情况常见于青少年，因为在这个年纪，无论是情场还是职场，人们很难分辨真正的欲望。然而，上述现象也可能延续到成人阶段，一旦曾经的选择不尽如人意，我们就会陷入迷茫。我们似乎拥有众人渴求的一切——一份工作、一个家庭、一栋房屋，但又总是心无波澜。我们偶尔开怀，却不曾获得真正的快乐。没有什么能激起我们的兴趣，我们仿佛一个陌生人，从自己的人生路过。如何让欲望的力量恢复如初？怎样才能找到快乐的源泉？

荣格：寻求人生意义与个性化过程

知名精神病学家、思想家卡尔·古斯塔夫·荣格一直致力于人生意义与个性化过程等研究，并将其置于临床和思考的核心位置。荣格年轻时曾在一家瑞士知名诊所担任精神科医生。从那时起，他就与西格蒙德·弗洛伊德保持书信往来。尽管学术界和精神病学界对刚刚诞生的精神分析法提出尖锐批评，但他依旧对弗洛伊德的理论充满敬佩。1907年，两人在维也纳会面，可谓一见如故。在接下来的几年里，他们并肩作战，弗洛伊德甚至指定荣格为接班人，希望他继续引领精神分析运动。然而两人之间还是产生了无法弥合的裂痕，最终在1913年分道扬镳。二人的分歧主要在于对性欲的认知。我们在前文曾经提到，弗洛伊德将性本能等同于性欲，认为性欲是人类一切行为的源头。荣格对此持否定态度，指出弗洛伊德的理论无法解释精神分裂症的临床症状（荣格是这一方面的权威），甚至与事实背道而驰。他主张透过现象观察本质，将性本能重新定义为"持续的生命本能"或是"生存意志"。可以说，荣格在此方面继承了斯宾诺莎、叔本华和尼采的学说，而他也恰好是这几位哲学家的忠实读者。

性本能不仅是性欲，而是一种生命力，一种勇往直前、自我实现(特别是精神层面)的强烈欲望。对荣格而言，他年少时曾对宗教敬而远之，因为其父是一名牧师，他对父亲感到失望，晚年却重拾旧好，因为宗教能为长期以来困扰人类的重大生存问题提供答案。他认为，寻找人生意义至关重要，一味逃避只会导致精神障碍。"从根本上说，神精官能症源于灵魂的痛苦，它苦苦追寻，却未能找到存在的意义。"[1]现代神经科学研究证实了他的论断。在《人类的故障》一书中，神经学家塞巴斯蒂安·博勒尔曾经提及欲望与纹状体的关系。随后，他又根据对大脑扣带皮层的大量研究，专门出版了一本著作探讨人生意义。他在书中得出如下结论，"发现人生意义对个体生存至关重要，一旦迷失目标，就会导致急性生理焦虑"[2]。荣格认为，探索人生意义有两大途径，一是宗教，一是个性化过程。系统的宗教信仰能够帮助我们获得存在价值，满足我们对"想象空间"的需求。每个人心中都有一个理想化的世界和人生(不管有意还是无意)，这种期待可以在宗教信仰中实现，

---

[1] Carl Gustav Jung, *La Guérison psychologique*, Librairie de l'Université Georg, 1953.（卡尔·古斯塔夫·荣格著，《心理疗愈》）。

[2] Sébastien Bohler, *Où est le sens*, Robert Laffont, 2020.（塞巴斯蒂安·博勒尔著，《意义何在》）。

也可能来自心理和精神建构，这就是荣格所说的"个性化过程"。在此过程中，我们逐渐变成独特的自己，形成真正的人格。为此，我们需要顺势而为，借助生命力不断成长，认清内心深处最强烈的愿望。

继斯宾诺莎、尼采和柏格森后，荣格同样坚信，每个人都是在内在力量的驱动下，以独一无二的方式（这正是"个性化"一词的真正含义）自我完善、不断进步。如果我们不想错失生命的意义，就必须学会聆听、遵循内心的召唤，因为这正是生命冲动的表现形式。荣格指出："我们要对自己说'是'，如果连自己都无法遵循内心的法则，就永远不会形成独立的人格，就会丧失人生的意义。"[1]为了证明上述观点，荣格借助梦境及其映射即现实生活中令人不安的巧合，深入剖析人们无意识的心声；揭开人们的社交面具，将隐藏在面具下的真实性格公之于众；发掘男性身上女性化的一面或女性身上男性化的一面；分辨并发现人们不愿承认的心理阴影；努力调和人们的极端性格，洞察其内心深处最私密、最强烈的欲望——这些欲望往往会给人们带来快乐，但由于隐藏太深，就连当事人都不敢相信它

---

[1] Carl Gustav Jung, *L'Âme et la vie*, LGF, 1995.（卡尔·古斯塔夫·荣格著，《灵魂与人生》）。

的存在。总之，荣格凭借丰富的个人经历和临床经验（他曾经疗愈上千患者，分析超过8万个梦境），悟出了一个深刻的道理，发现了一条人类的普遍法则，即人类需要通过独有的方式，在完善人格、履行使命的过程中实现自我，从而获得更大的发展。

许多当代作家，如小说家、心理学家、精神导师等，都从荣格的著作中汲取灵感，并将其发扬光大。菲利普·多泰曾写道："生命是潜在能量的集合。即便只是一颗橡子，也积蓄着橡树的力量；即便胎儿尚在母腹之中，也拥有巨大的财富及成人的能力。人类的首要任务，就是调动这些财富，在人性中不断成长。为此，我们需要充分认可自身潜能，为其正名并加以调动，有意识地向着既定目标前进，最终成为我们期待成为的人。这是一个意识觉醒的缓慢过程，我们会变得日益成熟，直至形成自由却有担当的人格。"[1]巴西作家保罗·柯艾略（Paolo Coelho）的小说《牧羊少年奇幻之旅》（*L'Alchimiste*）同样极具启蒙意义，它完美揭示了人生使命的真谛，被作者称为"人物传奇"。故事的主人公名叫圣地亚哥，是一位安达

---

[1] Philippe Dautais, *Éros et liberté, op. cit.* （菲利普·多泰著，《性爱与自由》）。

卢西亚牧羊少年，他在埃及金字塔附近寻宝时遇到了炼金术士，后者教他勘破命运的轨迹，倾听内心的声音，追寻心中最深的欲望和梦想。可以说，柯艾略书写的这部"人物传奇"，与荣格提出的个性化过程有着异曲同工之妙，堪称后者的诗意表达。为了命定的目标而奋斗，足以激发我们的热情。真正的财富从不来自外部，而是深藏于内心深处——这就是成为真正的自己。我始终坚信，《牧羊少年奇幻之旅》之所以风靡世界（全球畅销超过9000万册），主要是因为它用一种简单而具有象征性的手法，揭示了一个普遍真理，这也是荣格长期以来从事心理研究得出的成果。

重新定位人生

荣格通过研究发现，个性化过程一般发生在中年，也就是35岁到50岁之间，人们逐渐意识到自己对人生并不满意。在此之前，我们营营役役，忙得脚不沾地，诸如完成学业、打工赚钱、组建家庭等。不知不觉间，中年危机不期而至，我们开始扪心自问：我们在职业和情感上做出的选择是否正确？人生定位是否合适？生活是否真的令人满意？与此同时，我们逐渐能够分辨何谓真正的需求（源于自身的生命冲动），何谓别人孜孜以求却并不适合自己的人生。举例来说，我们可能因为家庭影响或是物质需要而选择了一项职业，却唯独没有考虑内心真正的喜好。我们愈发渴望重新定位人生，去追寻更加适合、更为个性化、更能让自己感到快乐的生活。就个人而言，我并不需要重新定位人生，因为我有幸早早就确定了自己的人生目标：通过写作与他人分享我的知识储备与人生感悟。然而，对于我身边的亲友，很多人却都有着类似的需求。我的一位姐妹长期在银行工作，后来转行成为心理医生。另一位一直在巴黎工作，在35岁那年，她放弃现有的一切，跑到德龙省种植医用植物。她告诉我："我的收入大幅下降，但快乐却成倍增长，因为我实现了自己的梦想，那就是在大自然中简单地生活。"在我认识的人中，还有数十位都在寻求改变，他们的理由出奇的一致，那就是现有生活无法获得更好的发展。他们试图聆听生命冲动和内心最强烈的欲望，从而做出新的选择。

当然，迈出关键的一步并不容易，一份稳定而又收入颇丰的工作能够带来财务上的安全感，很多人不愿为此冒险。在这一方面，我还算有些经验。30岁时，我曾辞去文学总监一职，即便遭遇外界质疑、数年内经济状况十分窘迫，但我也从未后悔，而是一直坚持直至成功降临。

在那些微妙的时刻，我始终忠于内心深处的欲望，全身心投入写作。这得益于坚定的信念和不屈不挠的毅力，我逐渐走入大众视野，仅凭写作就足以养家糊口。伟大的中世纪神学家大阿尔伯特曾说，"灵魂有多渴望，行动就有多积极，结果往往会如愿以偿"。对此，我深有同感：如果内心的欲望足够强烈、足够合理，我们就有可能得到上苍的回应。

奔赴孔波斯特拉(Compostelle)的旅行和朝圣：发现自我

为了聆听内心的声音，发现最深切的欲望，越来越多的年轻人踏上旅程、奔赴远方。旅行可以是一种逃避，但它也能帮助人们远离熟悉的文化和家庭环境，这种氛围往往会让人们的观念变得狭隘，有时还会阻碍我们遵循天性自由成长。还有一些相对年长之人，将旅行目的地选在孔波斯特拉，他们一待便是数周乃至数月，希望为人生按下暂停键，以便聆听内心最深切的欲望。他们来自世界各地，每年有20万之众涌向欧洲。得益于一次电视纪录片的拍摄，我在孔波斯特拉停留数日，并与许多旅客进行了交流。不同于中世纪的朝拜者，他们绝大多数并非宗教人士，但此行的目的却如出一辙，即探求生命的真正意义。于他们而言，旅行是一段弥足珍贵的时光，他们首先要学的便是分辨必要和多余物品，以此来减轻负担（背包不能超过8—10公斤，才能支撑数周的旅行，否则就只能减少徒步距离）。在这里，每天的行程都超过20公里，这也为旅行者提供了思考的契机，他们反思人生、审视过往，与自然和他人重新建立联系。他们告诉我，这段朝圣之旅通往的其实是自己的内心，他们以这种方式寻找自我，探求最强烈的欲望，希望重新校准生活的方向。其中有一位名叫阿梅莉（Amélie）的女士，现年38岁，居住在巴斯克地区（Pays basque）。与众多在旅途中寻找人生意义的人相比，她的经历十分典型，于是我请她写下自己的心路历程。这段故事堪称个性化过程的最佳范例！

"小时候，别人问我长大后想做什么，我回答说，'想做学徒'。但家里出于经济考虑不同意，于是我成了一名助听器验配师。这是一项很好的职业，我尽心投入工作，却始终与它格格不入。内心深处总有另一个我在挣扎，她试图表达自己的观点，宣示自己的存在。这个职业不为人知，特别是在生活节奏飞快的当下，人人压力山大，天天疲于奔命，除了充当'社会正确的化身'，我几乎没有任何空间，更无从发出自己的声音！为了寻找另一个我，倾听内心的欲望，我别无他法，只能为自己留出独处的时间和空间。我决定前往南美，开启为期一年的旅行。没想到几个月后，旅行反倒成就了一段新的职业冒险，让我发现了自己作为'项目负责人''企业创建和开发人员'的潜在才能——这就是助听术，与我的老本行同属一个领域。我在南美一干就是4年，这段经历让我了解了另一种文化，为我开启了新的视野。但是随着时间的推移，我越发想要重归故里、回到法国，继续这段心灵之旅，于是我循路来到孔波斯特拉。

"旅游或行走，是留出独处的时间和空间，以此来'忘记'和'重塑'自我；是摆脱灵魂的躁动和日常的沉迷；是摘掉社交的面具；是选择一种未知的方式汲取知识与灵感；是跳出时而拥挤、令人窒息的舒适区；是倾听内心的强烈呼唤，决心重新掌控时间与空间；是赴一场说走就走的旅行，在路上发现自我乃至一个更加成熟的自我；是抛开过往、重新来过，抑或是从'摆脱刻板印象'到'重新认识'自己。

"在'了解你自己'这一欲望的驱使下，我开启了自我发现之旅。起初我准备了一个记事本，记录下每晚的梦境，有些梦境甚至十分清晰。我还在页面左侧写下喜爱的事情，右侧留给反感的事物。所有这一切，都是为了从身体的直观反应、日常的物质和精神生活中确认我到底是谁。长久以来，我周旋于各种社会和家庭角色，演技之佳足以拿下金棕榈奖。然而我对外呈现的模样，并不能反映我真实的内心，也并非我希望留给他人的印象。这种内外割裂产生的影响显而易见：压力逐渐入侵我的生活，一点点抹杀我的快乐。我必须改变现状，就从此刻开始：我要重新掌控自己的身体、心灵、精神；我要单枪匹马与世界对峙！6年前，当我登上前往南美的单程飞机时，我只带了一个14公斤重的背包，里面装满我的必需品。面对全新的世界、巨大的未知，我当然有所担忧，但更多的是宁静、轻松和自由。我又能呼吸了！在巨大的不确定性面前，我重获新生，我的心灵之旅就此拉开序幕。

"在不同的旅程中，我与大自然重新建立联系，它是如此博大、壮丽、睿智。我与陌生人擦肩而过：秘鲁人、厄瓜多尔人、乌拉圭人或朝圣者，无论他们是路人、朋友还是情人，我总能感受到外表之下的差异与内在，观察到他们最好与最坏的一面。我欣喜若狂，我泪如雨下，因快乐、因感恩、因愤怒、因悲伤。

"在与自己的对话中，我耐心聆听，并将时间消磨在各种爱好中，如思考、绘画、阅读哲学书籍、欣赏音乐、跳舞、写作等。我变得更加独立，尽情展现多面的自我。

我重新学会感知身体、心灵以及那个俏皮可爱的自我。我善于发现自身的优点,也勇于直面内心的阴影。就这样,我逐渐摆脱了禁锢自己的条条框框,接触到形形色色的新鲜事物,探索并展现出不同以往的一面。我还学会了新的技能,在新领域中不断成长,重新发现了生存的乐趣。除此之外,曾经的幸福也失而复得:我可以自由而有针对性地做出选择,感受自己的成长,展现自己时而矛盾的个性,让人们看到我的多面性,发现我所有的长处和弱点。得益于在陌生国度生活的经历,我逐渐意识到,生活就像圣-雅克-德孔波斯特拉(Saint-Jacquesde-Compostelle)大道,我们在这里读懂自我、结交朋友,有些人会助我们成长,给予我们支持,有些人不过是匆匆过客;我们不可避免会遭遇困难,需要倾尽全力摆脱困境;我们不可犹疑观望,唯有奋勇前行并且不断做出改变,为此必须当机立断,推动事情不断向前。最后,我们最好能够确定奋斗方向,必要时及时调整,但始终坚持毫不动摇。即使我还不是真正的自我,没有变成那个光芒四射、神奇伟岸的人物,但至少我知道,自己已经走在正确的道路上,想到此处,我就会心情变好,比以前更加快乐!"

结语

我们不是因其美好才充满渴望,
而是因为渴望才赞其美好。

——巴鲁赫·斯宾诺莎

在本书的开头，我就强调过欲望的重要意义：没有欲望，生命甚至不值一提。为了深入了解人类欲望，哲学家们汲取过往经验，总结出两大关键要素。一是因缺憾而产生的欲望，这一理论由柏拉图提出，得到绝大多数古典哲学学派的认可，并被神经科学反复验证。一是源于生命力的欲望，其雏形始于亚里士多德，后经斯宾诺莎、尼采、柏格森、荣格补充完善，最后形成一套完整理论。在我看来，柏拉图和斯宾诺莎各有道理，他们分别从两个角度揭示了人类欲望的本质。因缺憾而生的欲望能够带来快乐，激励我们自我完善，但缺点是会让人们陷入贪婪和妒忌，变得永不知足。源于生命力的欲望可以帮助人们不断提升，直至获得完美的快乐；但如果缺乏理性约束，它就可能失去控制、过犹不及，如同希腊人的傲慢。日常生活中，我们通常在两种欲望间摇摆不定，但毫无疑问，每个人都渴望宁静和快乐，因此我们需要善加甄别，正确引导自己的欲望。这不仅对每个人的人生至关重要，也将深刻影响我们的家人、社会乃至整个地球。

拥有还是存在

在《占有还是存在？人类未来的关键抉择》(*Avoir ou être. Un*

choix dont dépend l'avenir de l'homme）（1976年）一书中，美国精神分析学家、社会学家埃里希·弗洛姆指出，人类的生存取决于两种生活方式的选择。他解释道，占有的狂热正在席卷世界，人们索求无度，迷信物质力量，越来越具有侵略性。在这种情况下，只有生存的智慧才能拯救人类，因为这种模式建立在爱的基础上，旨在获得精神满足，通过分享有意义和丰富多彩的人生，让自己变得更加快乐。如果人类无法意识到选择的重要性，就会导致前所未有的心理和生态灾难。"有史以来第一次，人类的肉体生存取决于人心的根本变化。"[1]弗洛姆言犹在耳，这本问世于1976年的著作不仅没有过时，反而更加适用于当今社会。

事实上，人类欲望的一大特点就是永无止境。因此，如果人类只在乎占有，就会变得贪得无厌，沦为大脑初级功能的囚徒，无休止地追求物质享受。与此同时，大脑又无力控制这种原始冲动，只会导致其愈演愈烈，消费主义和环境危机正是来源于此。如塞巴斯蒂安·博勒尔所说，"现有的经济体系一味刺激人们追求初级强化物，如果再继续下去，后果将不堪设想。不幸的是，这种情况已经持

---

[1] Erich Fromm, *Avoir ou être. Un choix dont dépend l'avenir de l'homme*, Robert Laffont, 1978.（埃里希·弗洛姆著，《占有还是存在？人类未来的关键抉择》）。

续了一个多世纪，它正在摧毁我们的地球"[1]。

相反，如果欲望是被自身成长驱动，那么我们永远都不会陷入沮丧，也不会感到不满。学习知识、享受爱情、欣赏美好，当内心渐趋成熟时，我们就会感到无比充实。所谓的悲观与失落，不过是欲壑难填的典型表现。我们渴望了解世界、尽情去爱、不断进步，这些追求只会传导快乐，不会对他人和地球造成伤害。在这里我要说明一下：我从不歧视物质追求，而是坚信应该在物质与精神、占有与存在之间找到一个平衡。当日常生活捉襟见肘时，我们很难保持内心的从容，但我们必须承认，现代社会往往重占有轻存在、重竞争轻合作、重社会认可轻自我认知，这种观念会为个人带来沉重的压力，对地球造成毁灭性的打击。人们总是希望鱼与熊掌兼得，但当他舍弃灵魂渴求、去追逐肉体享乐，当他为了眼前的苟且放弃了诗和远方，当他将内心世界抛诸脑后，只为在名利场中争得一席之地时，他就已然面目全非，变成了一个损人利己的掠夺者。然而这就是当今时代的主流，我们只能随波逐流，被迫走上这条道路。

---

[1] Sébastien Bohler, *Le Bug humain*, *op. cit.*（塞巴斯蒂安·博勒尔著，《人类的故障》）。

在《单向度的人》中，美国哲学家、社会学家赫伯特·马尔库塞注意到，消费社会致力于将人们从追求精神生活的高尚欲望中剥离出来，并借助广告的狂轰滥炸，使其陷入索求无度的物质主义陷阱。他将这一过程称为"强制去理想化"。阿兰·苏雄曾发行过一首脍炙人口的歌曲《感性的人们》(Foule sentimentale)，以富有想象力的方式表达了类似观点。他认为，人们一面向往深层次的精神追求，一面又无法放弃物欲的诱惑，物质主义在西方社会大行其道，甚至已经持续数十年之久。他在歌中唱道：

强加于人的欲望，
令吾等备受折磨。

有鉴于此，我们必须在占有与存在之间、身体需求和精神追求之间寻找新的平衡。如今，不少人下定决心改变自己的生活方式，还有我们在上文提到的年轻人，他们不愿再墨守成规，遵循现有的工作方式。在他们身上，我们看到了由物欲向精神转变的不懈努力，这一点尤其令人鼓舞。越来越多的人特别是年轻人开始背离社会主流价值，他们不再寻求物质的享受，而是急切地想要获取精神财富，比如爱与知识；他们不再贪图社会地位带来的舒适与名利，而是选择一种节制而幸福的生活，以满足内心深处的欲望，如自我实现、社会公平以及保护地球等；他们不再执着于上位与竞争，而是选择合作共赢；他们不再追求人生得意，而是希望成就一段有意义的人生，与他人和谐相处，与我们美丽星球上的所有物种和平共处。即使这些人依然是少数，但他们已经成为追求新生活方式的先锋。得益于他们的努力，我们在占有与存在、外在与内在、征服世界与战胜自我、欲望—缺憾与欲望—力量之间再度形成了一种有益的平衡。

欲望、意识与真理

我经常提到，欲望是生存的动力，我们不仅要精心培育，更需善加引导，特别是欲望还具有创造价值的作用，因此引导就变得尤为重要。可以说，一件事物之所以令人渴求，就在于人们产生的欲望，正如斯宾诺莎所说："我们不是因其美好才充满渴望，而是因为渴望才赞其美好。"[1]在我看来，这简短的一句话，足以在哲学史上占据一席之地。

1　Baruch Spinoza, *Éthique*, III, 9, « Scolie », *op. cit.*(巴鲁赫·斯宾诺莎著，《伦理学》第三卷，第9章，附注)。

斯宾诺莎仅凭只言片语，就解构了柏拉图的唯心主义。后者认为，普适价值如美丽、优秀和公正等激发了人们的欲望。这一理论在西方深入人心，其影响力渗透到社会生活的方方面面。事实与之刚好相反，是人们的欲望创造了事物和存在的价值，而非价值决定了人们的欲望。举例而言，因为倾慕一人，才会觉得她可爱至极；因为渴望公正，才要竭力捍卫正义；因为爱吃巧克力，才会对其赞不绝口，当然不是所有人都喜欢巧克力；因为梦想发家致富，才会对金钱奉若神明。反之，因为渴望节制的生活，才会视金钱如粪土；因为热爱生活，才会感叹生活美好、充满希望。

早在尼采之前的两个世纪，斯宾诺莎就已建立起一种"超越善恶"的道德观，这并不意味着善恶不复存在，而是每个人都自有一套评判标准，正所谓"汝之蜜糖彼之砒霜"。斯宾诺莎指出，"我们通常所说的善恶，判断标准无非于人生有益还是有害，能够增强还是削弱我们的行动力。当一件事给我们带来快乐或是悲伤，我们就会以善恶对其做出定义"[1]。因此，命运对于每个人来说都是独一无二的，取决于个人的独特品质。然而为了平稳地度过一

---

1 *Ibid.*, IV, 8, « Démonstration ». （巴鲁赫·斯宾诺莎著，《伦理学》第四卷，第8章，论证）。

生，我们必须树立正确的三观。如果我们任由恶念或幻想左右自己的行为，就会被激情冲昏头脑，对他人实施暴力或犯下不可饶恕的错误。对此，斯宾诺莎解释说，"一旦人类被情绪裹挟，就会陷入争斗……只有理智行事，他们才能和谐相处"。当人们对自己的欲望善加引导时，就会感到快乐，成为一个有益于他人的人。对此，亚里士多德和伊壁鸠鲁也曾有过类似论述，并提出了"正义的理性"这一概念。这种美德对于正直的生活不可或缺。如果社会中的每个人都能摆脱不良情绪，在理智的引导下获取内心自由，那我们就不再需要法律、禁令与警察。然而人们往往为情绪所困，无法用理智引导欲望，使自己变得快乐和明智。这个时候，宗教法令与民法就必不可少，特别是民法，对于社会生活尤为重要。

或者我们可以换一种方式解释：如果想要拥有正直和幸福的人生，就必须用意识控制欲望。在产生欲望时，不妨扪心自问：这一心愿对自己及他人是否合理？我们本以为只要开始思考，意识就能控制欲望。但在大多数情况下，我们是先有了欲望，然后以思考之名将其合理化，所谓论证不过是被欲望误导的过程！这一现象在科学研究中也时有发生，人们将其称为"论证偏差"：一些科研人员在无意识的情况下，只关注到自己预期的结果，而对其他可能视而不见，因此得出了错误的结论。简言之，若想做出正确判断，就必须与欲望保持距离，客观看待我们期待和相信的东西。但做到这一点何其困难，多数情况下，我们不过是以理性之名，用错误的论据为欲望辩解。只有保持对真理的极度渴求，才能真正用意识引导欲望。当我们对真理孜孜以求时，就会超越欲望、观念和信仰等的局限，从事实真相出发对事物做出评判。这也是哲学研究的基础所在，因为真理就是唯一的准则。以亚里士多德为例，他与柏拉图交情甚深，但他同时认为，探寻真理比友谊更为重要，因此他在许多理论上与柏拉图针锋相对。

意识从何而来？这个问题十分宏大，而且难以回答。多数持唯物主义观点的科学家会解释说，意识由大脑产生，具体位置在大脑皮层。当大脑皮层发育成熟，人们就能做出理性选择，不再被大脑的初级功能束缚。不过，塞巴斯蒂安·博勒尔指出，大脑皮层也要服从纹状体的指令。"我们的纹状体构造与猴子或老鼠并无区别，真正区分人与动物的，是大脑皮层的功能。不幸的是，大脑皮层必须听命于纹状体。这种不合理的角色分配与大脑连接属性有关，用一句话概括就是：'大脑皮层提出建议，纹状体下达指令'……智人的大脑皮层容量超大，能够源源不断为其提供力量，然而它的服务对象却是纹状体，后者如同一个醉心于权力、性、食物的庸才,终日无所事事、唯我独尊。如今,这个过度武装的孩子愈发肆无忌惮。"[1] 柏拉图、亚里士多德与斯多葛派都认为意识源于心灵,他们将其称为 *noos*（精神）或 *logos*（理性）。他们坚信意识与神灵有关,即便它在大脑中有一个载体,但大脑并不受其控制。总之,关于意识的起源众说纷纭,但无论答案为何,最重要的还是用意识引导欲望。

研究哲学迫在眉睫

正如我在上文所说,问题的关键还在于追求真理。如果我们将真理置于一切欲望之上,就能不偏不倚地思考问题,并充分发挥大脑皮层的作用,对纹状体形成压制。于某些人而言,对真理的渴求与生俱来。比如本人,总是充满好奇,正如跌落药水缸的法国漫画人物奥贝利克斯（Obélix）,我在年少时便一头扎进哲学的海洋,追寻真理的热忱从未减退。相较于愉快而又讨人欢心的欲望,我选择背道而驰,去追求沉重的真理。不过还有一些人并非生来就

---

[1] Sébastien Bohler, *Le Bug humain, op. cit.* （塞巴斯蒂安·博勒尔著,《人类的故障》）。

对真理充满渴求，那么不妨通过教育培养他们的兴趣。正是出于这样的考虑，我从2014年起就开办了面向青少年的哲学课堂，通过培训强化孩子们的思维能力、批判精神以及更好地倾听他人的能力，让他们尝到了真理的滋味。在一次次热烈的讨论中，不少孩子被小伙伴说服，改变了自己的观点，他们告诉我，"在一起可以想得更好"。孩子们之所以有此感想，是因为大家共同探寻真理，可以帮助彼此克服先入为主的偏见。2016年，我又在法兰西基金会的支持下联合创办了"了解人生与共同生活"基金会(SEVE)，目的是为哲学课堂培养辅导员。此外，我们还与国家教育部建立了合作伙伴关系。如今，基金会已经培训了超过5000名辅导员，成千上万的孩子从中获益，特别是一些落后街区或教育学区，如特拉普市(Trappes)等。"让哲学深入人心迫在眉睫！"狄德罗曾在书中大声疾呼。蒙田则坚信，哲学能让孩子拥有"清醒的头脑"，而非"填满的脑袋"。

欲望与民主

如今，随着科技在生活中的主导地位愈发凸显，深入思考变得愈发重要。我们不仅面临生态危机，甚至连民主制度也遭遇挑战。在不到十年的时间里，社交网络就颠覆了整个世界。2016年,唐纳德·特朗普通过操纵互联网散布不实信息,成功当选美国总统。2020年他又故技重施,试图挽回败局,这也导致推特和脸书关闭了他的账号。环顾全球,极端势力在众多民主国家迅速崛起,社交媒体难辞其咎,因为人们不再接触多元且针锋相对的信息,仅从网络这一单一渠道获取资讯。大数据还会根据个人偏好和诉求进行推送,造成人们的观念愈发狭隘。如果每一位公民只接受符合自己心意和信念的信息,而不愿听取他人意见,那么任何民主都将无法运行。为此,我们必须对现实达成共识,否则整个社会将陷入撕裂。归根结底,问题的关键还在于坚持真理:正所谓"道不同不相为谋",如果我们不是真心辨别真伪,也就失去了相处的意义:每个人只需寻找支持自己观点和愿望的信息,大可将真实性抛诸脑后;民主的辩论也将不复存在,因为它建立在追求真理的基础上,最终目的是为大众谋取福利。

总而言之,欲望体现了"人类的本质",凝聚着生存的动力。我们对生活的满意程度,就取决于培育和引导欲望的方式。不仅是个人,整个社会也需为欲望找到正确方向,尽最大努力引导人们尊重生命、关爱他人、寻求真理。可以说,用意识指导欲望至关重要,这也许是当今时代面临的最大挑战。

图书在版编目（ＣＩＰ）数据

欲望的哲学 / （法）弗雷德里克•勒努瓦著 ； 李学梅译. -- 上海：上海文艺出版社，2025. -- ISBN 978-7-5321-9228-1

Ⅰ．B848.4

中国国家版本馆CIP数据核字第202504TM18号

Originally published in France as:
Le désir, une philosophie by Frédéric Lenoir
© Editions Flammarion, Paris, 2022.
Current Chinese translation rights arranged through Divas International, Paris 巴黎迪法国际
著作权合同登记图字：09-2024-1040

总 策 划：李　娟
执行策划：王超群
责任编辑：魏钊凌
装帧设计：潘振宇

书　　名：	欲望的哲学
作　　者：	［法］弗雷德里克•勒努瓦
译　　者：	李学梅
出　　版：	上海世纪出版集团　　上海文艺出版社
地　　址：	上海市闵行区号景路159弄A座2楼 201101
发　　行：	上海文艺出版社发行中心
	上海市闵行区号景路159弄A座2楼206室 201101 www.ewen.co
印　　刷：	上海盛通时代印刷有限公司
开　　本：	889×1194 1/32
印　　张：	6.875
插　　页：	4
字　　数：	121,000
印　　次：	2025年4月第1版 2025年4月第1次印刷
ＩＳＢＮ：	978-7-5321-9228-1/C.115
定　　价：	68.00元
告 读 者：	如发现本书有质量问题请与印刷厂质量科联系　T:021-37910000

人啊，认识你自己！